Ensino da Matemática na educação especial

discussões e propostas

SÉRIE PRESSUPOSTOS DA EDUCAÇÃO ESPECIAL

Ensino da Matemática na educação especial

discussões e propostas

Gustavo Thayllon França Silva
Stephanie Díaz-Urdaneta

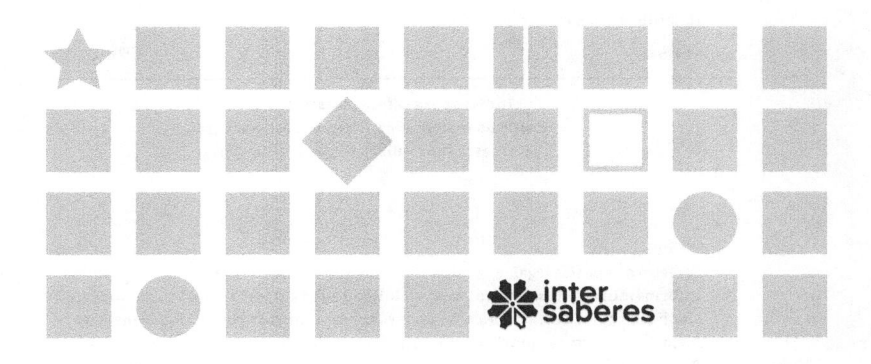

intersaberes

inter saberes

Rua Clara Vendramin, 58 . Mossunguê . CEP 81200-170 . Curitiba . PR . Brasil
Fone: (41) 2106-4170 . www.intersaberes.com . editora@intersaberes.com

Conselho editorial
Dr. Ivo José Both (presidente)
Dr. Alexandre Coutinho Pagliarini
Drª Elena Godoy
Dr. Neri dos Santos
Dr. Ulf Gregor Baranow

Editora-chefe
Lindsay Azambuja

Gerente editorial
Ariadne Nunes Wenger

Assistente editorial
Daniela Viroli Pereira Pinto

Preparação de originais
Gilberto Girardello Filho

Edição de texto
Arte e Texto
Mycaelle Albuquerque Sales

Capa e projeto gráfico
Bruno Palma e Silva (design)
Olya Maximenko/Shutterstock
(imagem de capa)

Diagramação
Laís Galvão

Equipe de design
Débora Gipiela
Luana Machado Amaro

Iconografia
Sandra Lopis da Silveira
Regina Claudia Cruz Prestes

Dados Internacionais de Catalogação na Publicação (CIP)
(Câmara Brasileira do Livro, SP, Brasil)

Silva, Gustavo Thayllon França
 Ensino da matemática na educação especial: discussões e propostas / Gustavo Thayllon França Silva, Stephanie Díaz-Urdaneta. Curitiba: InterSaberes, 2021.
 (Série Pressupostos da Educação Especial)

 Bibliografia.
 ISBN 978-65-5517-461-8

 1. Educação – Leis e legislação 2. Educação especial 3. Ensino – Metodologia 4. Matemática – Ensino 5. Matemática – História I. Díaz-Urdaneta, Stephanie. II. Título. III. Série.

21-71542   CDD-371.9

Índices para catálogo sistemático:
1. Ensino da matemática: Educação especial 371.9
Cibele Maria Dias – Bibliotecária – CRB-8/9427

1ª edição, 2021.
Foi feito o depósito legal.
Informamos que é de inteira responsabilidade dos autores a emissão de conceitos. Nenhuma parte desta publicação poderá ser reproduzida por qualquer meio ou forma sem a prévia autorização da Editora InterSaberes.
A violação dos direitos autorais é crime estabelecido na Lei n. 9.610/1998 e punido pelo art. 184 do Código Penal.

Sumário

9   Apresentação
13   Como aproveitar ao máximo este livro

Capítulo 1
17   **Sobre a educação matemática**
18   1.1 História da matemática
28   1.2 Movimento da matemática moderna
31   1.3 Tendências da educação matemática
37   1.4 A legislação educacional e a matemática
53   1.5 O movimento da matemática inclusiva

Capítulo 2
63   **Pressupostos iniciais em metodologia de ensino da Matemática**
64   2.1 A aquisição do conhecimento lógico-matemático das crianças com deficiência
70   2.2 Adaptações didáticas do currículo para o ensino de Matemática
74   2.3 O planejamento das aulas de Matemática para a educação especial
79   2.4 A avaliação das aulas de Matemática na educação especial
85   2.5 Os desafios do ensino da Matemática na educação especial

Capítulo 3

95 **Ensino da Matemática na educação infantil na perspectiva da educação especial**

96   3.1 Educação infantil: do conceito à legislação que rege a infância em diferentes períodos

102   3.2 Materiais alternativos e manipulativos para o ensino da Matemática na educação especial

109   3.3 Deficiência visual: conceitos matemáticos na educação infantil

118   3.4 Deficiência intelectual: conceitos matemáticos na educação infantil

123   3.5 Altas habilidades ou superdotação: conceitos matemáticos na educação infantil

Capítulo 4

133 **Ensino da Matemática no ensino fundamental na perspectiva da educação especial**

134   4.1 Ensino da Matemática nos anos iniciais: as lentes da educação especial

139   4.2 Ensino da Matemática nos anos finais: as lentes da educação especial

145   4.3 Materiais didáticos para o ensino da Matemática nos anos iniciais

149   4.4 Materiais didáticos para o ensino da Matemática nos anos finais do ensino fundamental

154   4.5 Formação de professores que ensinam Matemática na educação especial

Capítulo 5
163 **O ensino da Matemática no ensino médio: um olhar pela educação especial**
164 5.1 Revisitando os conceitos históricos e matemáticos do ensino médio
169 5.2 O erro como processo de ensino-aprendizagem da Matemática na educação especial
177 5.3 As TICs para o ensino da Matemática no ensino médio na educação especial
183 5.4 Jogos matemáticos para o ensino médio na educação especial
190 5.5 Resolução de problemas para o ensino da Matemática na educação especial

Capítulo 6
203 **Ensino da Matemática na educação especial**
204 6.1 Estratégias pedagógicas para o ensino de números na educação especial
212 6.2 Estratégias pedagógicas para o ensino de álgebra na educação especial
220 6.3 Estratégias pedagógicas para o ensino de grandezas e medidas na educação especial
229 6.4 Estratégias pedagógicas para o ensino de geometria na educação especial
232 6.5 Estratégias pedagógicas para o ensino de probabilidade e estatística na educação especial

243 *Considerações finais*
245 *Referências*
263 *Bibliografia comentada*
265 *Respostas*
267 *Sobre os autores*

Apresentação

Há mais de cem anos, a Matemática como disciplina passou a ser objeto de reflexão em termos de ensino, do qual surgiu o que conhecemos hoje como *educação matemática*. Produto dessas reflexões, diferentes metodologias emergiram como suporte ao ensino dessa disciplina, mas tais reflexões também têm nos levado a considerar os aspectos referentes à inclusão nas aulas de Matemática. Esse assunto tem representado o interesse de diversos professores e pesquisadores no mundo.

No Brasil, temos o Encontro Nacional de Educação Matemática Inclusiva, um dos espaços consolidados para a divulgação e o compartilhamento de experiências e propostas desenvolvidas nesse âmbito tão importante da educação matemática, especialmente nos tempos atuais, em que deveria ser compreendido que "é na diversidade da sala de aula que temos as possibilidades de desenvolver as melhores estratégias para se trabalhar prazerosamente a Matemática" (Moreira, 2019, p. 59).

Mas pensar a educação especial para a matemática pressupõe refletir sobre diferentes aspectos, entre os quais podemos destacar a formação do professor, esse agente social relevante para o ensino da Matemática nessa área da educação. E foi com o intuito de realizar contribuições nesse viés do ensino da Matemática na educação especial que elaboramos esta obra, a qual tem por objetivo apresentar alternativas que possam ser de utilidade em sala de aula, sem deixar de lado o rigor e a aplicabilidade da matemática.

Sabemos que a educação inclusiva vai muito além do atendimento educacional especializado para sujeitos com as mais diferentes deficiências. Portanto, precisamos ter um olhar sensível para os conceitos relacionados a isso, principalmente no tocante ao ensino da Matemática.

Dessa forma, nossa ideia foi apresentar um livro de utilidade e fundamentação metodológica para o ensino da Matemática no contexto da educação especial, já que consideramos que o professor deve ser formado de tal forma que reconheça seu papel fundamental na aprendizagem dos estudantes, além de ser um agente importante no desenvolvimento social deles.

Sob essa ótica, este material possui como conceito ímpar o ensino da Matemática na educação especial. Assim, selecionamos algumas deficiências para nortear o trabalho, como: visual, intelectual, altas habilidades ou superdotação etc. Contudo, não falaremos apenas sobre as deficiências, mas, sim, faremos um recorte teórico-metodológico com o intuito de situar você sobre os caminhos traçados pela disciplina até chegarmos à matemática inclusiva.

No primeiro capítulo, apresentaremos abordagens teóricas sobre a matemática, ou seja, a história da matemática, a matemática moderna, a legislação aplicada ao ensino da Matemática, bem como conceitos importantes acerca da matemática inclusiva na contemporaneidade.

Já no segundo capítulo, abordaremos aspectos metodológicos e pedagógicos de organização do ensino da Matemática, como: a construção do pensamento lógico-matemático pela criança com deficiência; a avaliação, o planejamento, a organização e as adaptações do currículo das aulas de Matemática na educação especial, entre outros.

No terceiro capítulo, traçaremos o primeiro recorte na educação básica brasileira, ou seja, iniciaremos o diálogo sobre a criança com deficiência e a educação infantil. Ainda, versaremos a respeito da organização pedagógica dessa primeira etapa da educação básica, além de apresentarmos estratégias pedagógicas para o ensino da Matemática relacionado a algumas deficiências.

No quarto capítulo, traremos uma perspectiva do ensino fundamental, das séries iniciais e das séries finais na perspectiva da educação especial, bem como indicaremos noções de organização do ensino e das aulas nessa etapa à luz da educação especial e inclusiva.

No quinto capítulo, abordaremos premissas de trabalho do docente de educação especial no ensino médio tendo como prerrogativa a educação especial. Revisitaremos conceitos históricos e de legislação e abordaremos o erro como processo de ensino-aprendizagem do aluno com deficiência, bem como a resolução de problemas do cotidiano como estratégia pedagógica, além de jogos e tecnologias.

No sexto e último capítulo, falaremos sobre questões mais conceituais do ensino da Matemática, como estratégias pedagógicas para o ensino de números, álgebra, grandezas e medidas, geometria, probabilidade e estatística na educação especial.

Desejamos que a estrutura deste livro possa lhe oferecer insumos tanto para a reflexão do assunto como para seu desenvolvimento em sala de aula. Sabemos que o ensino da Matemática por si só já representa grandes desafios para os professores. Essa questão fica mais complexa quando se trata da educação especial, a qual deve levar em conta diferentes aspectos, além dos já considerados no sistema de ensino comum. Por essa razão, a constituição deste livro se realizou com aspectos disciplinares, legais, de ensino e de prática que podem ajudar nesse caminho.

Esperamos que consiga aproveitar ao máximo esta obra que preparamos com muito carinho e zelo para você que busca se especializar e se capacitar para trabalhar com pessoas e alunos com deficiência, fazendo a diferença na educação.

Bons estudos!

Como aproveitar ao máximo este livro

Empregamos nesta obra recursos que visam enriquecer seu aprendizado, facilitar a compreensão dos conteúdos e tornar a leitura mais dinâmica. Conheça a seguir cada uma dessas ferramentas e saiba como estão distribuídas no decorrer deste livro para bem aproveitá-las.

Introdução do capítulo
Logo na abertura do capítulo, informamos os temas de estudo e os objetivos de aprendizagem que serão nele abrangidos, fazendo considerações preliminares sobre as temáticas em foco.

Importante!
Algumas das informações centrais para a compreensão da obra aparecem nesta seção. Aproveite para refletir sobre os conteúdos apresentados.

Para saber mais

Sugerimos a leitura de diferentes conteúdos digitais e impressos para que você aprofunde sua aprendizagem e siga buscando conhecimento.

Síntese

Ao final de cada capítulo, relacionamos as principais informações nele abordadas a fim de que você avalie as conclusões a que chegou, confirmando-as ou redefinindo-as.

Indicações culturais

Para ampliar seu repertório, indicamos conteúdos de diferentes naturezas que ensejam a reflexão sobre os assuntos estudados e contribuem para seu processo de aprendizagem.

Atividades de autoavaliação

Apresentamos estas questões objetivas para que você verifique o grau de assimilação dos conceitos examinados, motivando-se a progredir em seus estudos.

Atividades de aprendizagem

Aqui apresentamos questões que aproximam conhecimentos teóricos e práticos a fim de que você analise criticamente determinado assunto.

Bibliografia comentada

Nesta seção, comentamos algumas obras de referência para o estudo dos temas examinados ao longo do livro.

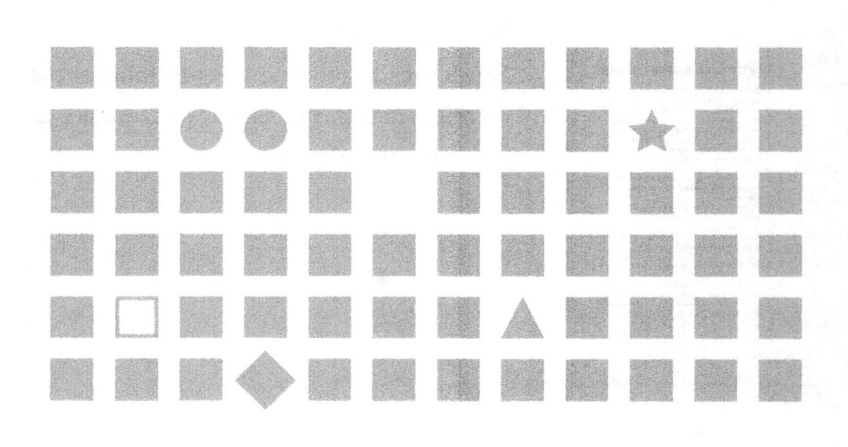

Capítulo 1
Sobre a educação matemática

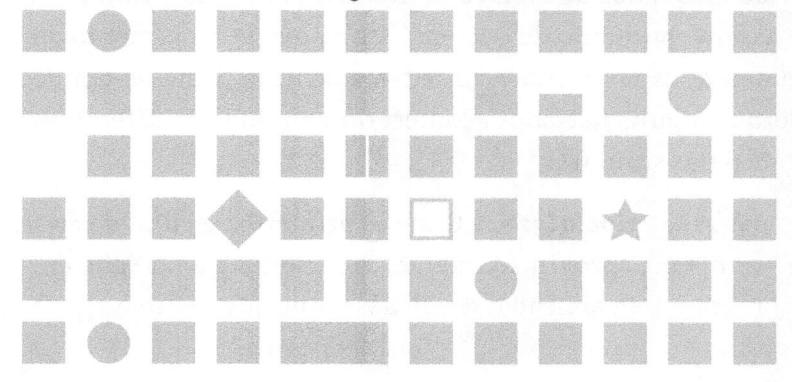

Neste capítulo, apresentaremos um breve panorama da educação matemática, fazendo uma concisa resenha sobre a história dessa disciplina, seu movimento na era moderna, as tendências atuais da educação matemática, a legislação educacional e o movimento da matemática inclusiva.

1.1 História da matemática

A matemática tem constituído historicamente sua personalidade no decorrer dos anos. Podemos dizer inicialmente que ela teve início por conta das necessidades que estavam surgindo no desenvolvimento da vida humana. Uma dessas necessidades era contar a quantidade de animais que os povos estavam criando. As formas de realizar as contas limitavam-se ao uso das mãos, mas, posteriormente, foram utilizados outros instrumentos. Para o registro das contagens realizadas, o homem daquela época utilizava ossos, barro, entre outros meios de registro para "armazenar", de alguma forma, essas informações.

Podemos estabelecer uma base que nos ajuda a ter uma visão global dos diferentes períodos que contribuíram para o desenvolvimento da matemática antes do movimento da matemática moderna. Não se trata de uma linha de tempo, porque alguns períodos aconteceram em lugares diferentes e em datas similares.

- **Período egípcio** (3200 a.C. até os primeiros séculos do cristianismo, aproximadamente): A matemática no Egito era meramente aplicada, sendo desconhecida alguma teoria que fundamentasse a aritmética ou a geometria utilizadas, já que a matemática se limitava à aplicação de procedimentos com um propósito prático. Algumas das evidências que se encontram atualmente são os papiros de Rhind (Figura 1.1), de Moscou e de Berlim.

Figura 1.1 – Papiro de Rhind

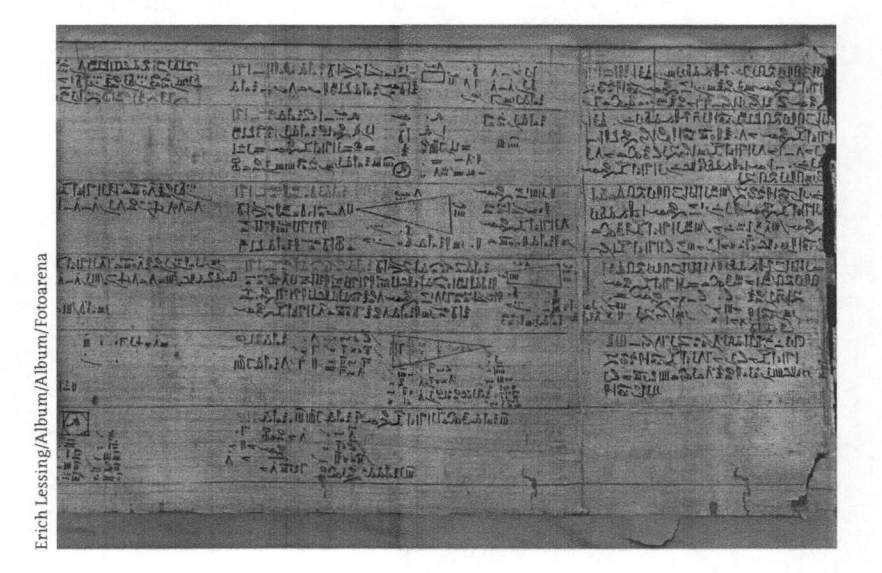

O papiro de Rhind, datado de 1650 a.C, é o maior dos três, medindo 500 cm de comprimento e entre 30 e 33 cm de largura, e foi encontrado à beira do Rio Nilo, no ano de 1858, por Alexander Henry Rhind. O papiro de Moscou mede 500 cm de comprimento e entre 7 e 8 cm de largura e foi encontrado no Egito, em 1893, por Golenischev. Finalmente, sobre o papiro de Berlim, sabe-se que se encontra muito deteriorado, mas as informações referentes a ele não são seguras. Os três papiros apresentam informações referentes ao sistema de numeração daquela época sobre frações, partições proporcionais, progressões aritméticas e geométricas, álgebra, cálculo da área de um triângulo isósceles, área de um círculo e de um quadrilátero.

- **Período mesopotâmico** (1830 a.C. até o século III a.C., aproximadamente): A matemática da Mesopotâmia, ou matemática babilônica, foi explorada na década de 1930, quando Otto Neugebauer, com outros pesquisadores, estudou aproximadamente 10.000 placas de argila para identificar os conceitos matemáticos e geométricos registrados ali há 2.000 a.C. As contribuições dessa civilização estiveram voltadas à aritmética, por meio do desenvolvimento de operações, do cálculo de juros compostos e da raiz quadrada; na álgebra, os babilônicos tinham uma guia para a resolução de equações de segundo grau. Utilizaram, também, transformações algébricas e realizaram resoluções de equações cúbicas, além de aportes quanto à teoria dos números e à geometria. Observe na Figura 1.2, a seguir, uma imagem que traz um exemplo do sistema de numeração dos babilônicos.

Figura 1.2 – Sistema de numeração dos babilônicos

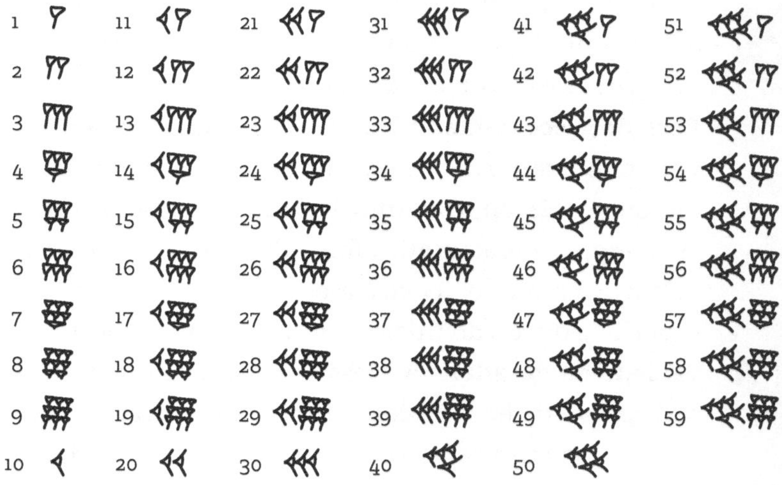

[Tabela com os numerais cuneiformes babilônicos de 1 a 59, organizados em colunas: 1–10, 11–20, 21–30, 31–40, 41–50, 51–59]

Fonte: Miranda, 2021.

- **Períodos grego e greco-romano**: Podemos dizer que os dois períodos estão juntos, já que dentro do grego está o greco-romano. Segundo Pedroso (2009), dentro dessa categoria existem quatro períodos:
    1. **Helênico**: Esse período foi desenvolvido em dois momentos. O primeiro foi pré-socrático, vinculado à filosofia de Mileto, Samos, Éfeso e Eleia; o segundo foi desenvolvido tendo como centro principal Atenas. Esse período se encerrou com a morte de Alexandre, em 323 a.C.
    2. **Helenístico**: Foi um período de relevante desenvolvimento matemático, no qual surgiu uma intelectualidade que não existia anteriormente. Nessa época,

destacaram-se Euclides, Arquimedes e Apolônio, os quais se desenvolveram entre Alexandria, Rodes e Pérgamo. Esse período começou com a morte de Alexandre e durou até o ano 30 a.C.

3. **Período greco-romano**: Nesse período, que se desenvolveu em Alexandria, os personagens de destaque foram Ptolomeu, Heron, Diofanto, Papus e Hipátia. Durante esse tempo, a matemática foi influenciada por outras culturas, como a egípcia, a mesopotâmica e a romana. O período durou do início da era até os anos 300 d.C.

4. **Período da decadência**: Nesse período, caiu por terra tudo o que tinha sido constituído em relação à matemática e seu uso deixou de ser adequado. Durou desde o período greco-romano até os anos 640 d.C.

- **Europa na Idade Média** (476 d.C. até 1453 d.C., aproximadamente): Nessa época, dois personagens merecem destaque: Alcuin e Gerbert. Sobre Alcuin, sabe-se que esteve encarregado da educação de Carlos Magno, além de ensinar sobre teologia, retórica, lógica e matemática. Ele se destacou por escrever livros didáticos e foi formador dos professores que estariam nas escolas do reino. Já Gerbert foi conhecido, na França, como um sábio do renascimento carolíngio, sendo a matemática um de seus fortes. Foi autor de livros que explicavam o uso do ábaco, da aritmética e da geometria. Foi, também, o primeiro a apresentar os números de ghubar, os algarismos hispano-arábicos, representando a mudança dos algarismos indo-arábicos.

- **Período Chino** (2.000 anos a.C. até 221 d.C.): A evolução matemática da China teve muitas dificuldades para que se desenvolvesse, já que passou por momentos nos quais os que se consideravam intelectuais eram executados, e os livros que existiam no século II a.C. foram destruídos por mandato do Imperador Han. Porém, nesse período foi realizado o primeiro registro matemático do século XII a.C., que representa o calendário de horas solares, chamado de *Chow Pei Suang Ching*. Esse registro é um pergaminho que mede 2,3 metros e contém informações referentes a diálogos científicos realizados entre o imperador e um ministro. Nesse registro, já havia informações sobre as quatro operações aritméticas e, também, sobre geometria, como as propriedades de um triângulo equilátero e de retângulos. Além disso, apresentava evidências do uso do teorema de Pitágoras. O autor desse material é desconhecido e há indícios de que o imperador era a pessoa que possuía o conhecimento daquela época.

Também se conta com a matemática dos nove capítulos, o *Chui Chang Suan Shu*, de Chuan Tsanom (200 a.C.), o qual apresenta 246 problemas resolvidos. Esses nove capítulos abordam problemas sobre: medidas de terras; regra de três simples; matrizes; raiz quadrada e cúbica; cálculos para desenvolvimento de trabalhos; cálculos de proporcionalidade para o pagamento de impostos; ligas metálicas a partir de sistemas de equações; uso de tabelas para registro do tempo e para meteorologia e astrologia; problemas de quadrados, onde se percebe o uso do Teorema de Pitágoras. Em 1300 d.C., foram publicados os estudos iniciais sobre matemática, o *Suan hsüeh ch'i meng*, e o magnífico espelho de quatro imagens, o *Ssu Yüan Yüchien*, ambos escritos por Chu Shih Chieh, que era de Pequim.

- **Período hindu** (começou no ano 1200 a.c.): Nessa época, aproximações sobre o teorema de Pitágoras e o cálculo de raízes eram feitas na Índia, além das regras de construção de altares e as regras das cordas. Mas a contribuição significativa realizada pelos hindus foi o sistema de numeração decimal para a posição dos números. Antes da época cristã, eles conseguiam realizar cálculos, na notação decimal, com uma quantidade considerável de números.

  Na matemática hindu, há grandes personagens que contribuíram significativamente para o desenvolvimento da matemática. Aryabhata, por exemplo, escreveu sobre trigonometria esférica para a astronomia, além de várias regras para aritmética, álgebra, trigonometria plana e o cálculo do valor de π; Brahmagupta, por sua vez, contribuiu com a determinação do valor de π, mas realizou contribuições na álgebra e na aritmética, com a presença, pela primeira vez, dos números negativos e do zero; e Bhaskara, que deu resposta a diversas equações diofantinas, além de suas contribuições para mensuração, progressões aritméticas, progressões geométricas, ternas pitagóricas, entre outros. A Bhaskara se atribui a fórmula para determinar as raízes de uma equação quadrática que conhecemos nas escolas:

$$x = \frac{-b \pm \sqrt{b^2 - 4ac}}{2a}$$

- **Período árabe** (século XII d.C. até IX d.C., aproximadamente): A matemática árabe foi um pouco difícil, já que, de um lado, eles destruíram parte do conhecimento realizado no ocidente, mas, por outro, também contribuíram para a preservação de certos conhecimentos, ao contar com al-Mansur, Harum al-Rachid e al-Mamum, que fizeram as traduções do grego para o árabe dos registros mais importantes sobre os conhecimentos científico e filosófico. Eles são conhecidos como os patronos da cultura. Sobre al-Mamum, ele fundou a Casa da Sabedoria, a qual era comparada com o Museu de Alexandria, sendo Mohammed ibn-Musa Al-khowarizni um dos mestres, matemático e astrônomo do momento. Ele escreveu textos sobre aritmética e álgebra, os quais contribuíram significativamente para o desenvolvimento da matemática.

Outros árabes de destaque foram: Abu'l-Wefa, que se dedicou ao desenvolvimento da álgebra, mas também contribuiu na trigonometria, além de traduzir o clássico *Arithmética*, de Diofanto; Omar Khayyam, que se dedicou a desenvolver problemas fundamentais da matemática e é tido como o responsável por descobrir o teorema do binômio, além de ter resolvido equações cúbicas por construções geométricas; Al-Tusi, que realizou contribuições para as trigonometrias plana e esférica e para a astronomia, separando a trigonometria da astronomia, além de elaborar as regras para resolver triângulos planos e esféricos; e al-Kashi, que também contribuiu na matemática e na astronomia e é considerado o inventor das frações decimais, tendo apresentado uma das melhores aproximações para o valor de π.

Observe, a seguir, a Figura 1.3, que apresenta a evolução do sistema de numeração indo-arábico até o que conhecemos atualmente.

Figura 1.3 – Sistema indo-arábico

	um	dois	três	quatro	cinco	seis	sete	oito	nove	zero
século VI (indiano)										
século IX (indiano)										
século X (árabe oriental)										
século X (europeu)										
século XI (árabe oriental)										
século XII (europeu)										
século XIII (árabe oriental)										
século XIII (europeu)										
século XIV (árabe ocidental)	1	2	3		4	6	1	8	9	0
século XV (árabe oriental)										
século XV (europeu)	1	2	3	4	5	6	7	8	9	0

Fonte: IEJU-SA, 2021.

- **Período renascentista** (final do século XIII até o século XVII): A matemática do Renascimento representou um grande crescimento na ciência, graças às contribuições de

Leonardo Fibonacci, Jordanus Nemorarius, Roger Bacon e Nicole Oresme. Fibonacci é conhecido por sua contribuição com a sequência de Fibonacci, a qual tem propriedades significativas, como sua vinculação com o número áureo. Além disso, realizou contribuições no estudo de análise, trigonometria e geometria. Nemorarius é conhecido por seus trabalhos em aritmética, geometria e astronomia, sendo sua obra *Triangulis* a mais relevante, mas também ficou notório por suas contribuições à mecânica, publicadas em seu livro *Dos pesos*.

Bacon, por sua vez, dedicou-se ao estudo da física e da matemática, sendo seu livro *Opus Majus* referente à primeira, e sua filosofia científica se baseou em cientistas gregos, romanos e árabes. Bacon acreditava que as ciências naturais precisavam se fundamentar de forma experimental, além de considerar que a física e a astronomia deviam se embasar na matemática. Já Oresme se desenvolveu nas áreas das ciências naturais e físicas, filosofia, matemática e astronomia. Algumas de suas contribuições estiveram direcionadas ao expoente racional, ao gráfico de funções, à geometria analítica, ao teorema fundamental do cálculo, entre outras.

Devido às guerras e enfermidades da época, o desenvolvimento da matemática foi pequeno, sendo que suas aplicações principais foram direcionadas ao comércio, à contabilidade e ao calendário utilizado.

Esse período também foi marcado por outros matemáticos reconhecidos, como Nicolau Copérnico, que desenvolveu estudos astronômicos; Johannes Kepler, que criou as leis em relação às órbitas dos planetas e o Sol; Galileu

Galilei, que também realizou contribuições na física e na astronomia; Leonardo Da Vinci, com suas contribuições sobre a geometria na arte; John Napier, que realizou contribuições em relação às progressões aritméticas e geométricas com o intuito de facilitar os trabalhos com as tabelas trigonométricas, entre outros.

1.2 Movimento da matemática moderna

A matemática moderna começou a ter progresso no século XVII com a participação de grandes cientistas e filósofos, como Descartes, Cavalieri, Fermat, Pascal, Wallis, Barrow, Newton e Leibniz. Foi uma época de desenvolvimentos de diferentes transformações científicas e tecnológicas. Instrumentos como o telescópio de reflexão, o barômetro, os microscópios simples e composto, o termômetro, o relógio de pêndulo e outros mais foram inventados. Devido a esses avanços, a matemática desenvolvida no momento tinha uma perspectiva mais integrada e operacional. Para isso, o surgimento da geometria analítica e do cálculo diferencial e integral representou formas de dar soluções às situações e invenções do momento. Por essa razão, considera-se que foi nessa época que surgiu a matemática moderna.

René Descartes é tido como um dos grandes cientistas dessa época. É considerado o pai da geometria analítica e criador do discurso do método, com o intuito de promover a forma por meio da qual o desenvolvimento da ciência deveria ser conduzido, com base em quatro regras básicas: i) clareza e distinção; ii) análise; iii) ordem; iv) enumeração. Pierre de Fermat foi outro científico relevante com seus aportes, sendo um deles o método para encontrar máximos e mínimos de curvas polinomiais, conhecidas hoje como as *parábolas e hipérboles de Fermat*; é conhecido, também, por seus aportes à geometria analítica, à teoria da probabilidade, à óptica, à teoria de números (é considerado o pai dessa disciplina), bem como pelo seu último teorema sobre a equação $x^n + y^n = z^n$, a qual não tem solução para x, y, z e n inteiros positivos, com $n \geq 3$, conforme demostrado por Andrew Wiles em 1993.

Blaise Pascal foi outro matemático importante, tendo escrito seu primeiro texto de matemática referente às secções cônicas aos 16 anos, e aos 19 construiu a primeira calculadora. Outros dois cientistas relevantes do momento e que realizaram grandes aportes à matemática, especificamente ao cálculo diferencial e integral, foram Isaac Newton e Gottfried Leibniz. Eles criaram métodos para dar solução a problemas relacionados a curvas desconsiderando a natureza da curva e representando métodos mais amplos aos anteriores propostos por outros cientistas.

Durante o século XVIII, viveu-se o chamado *Século das Luzes*, protagonizado por cientistas como Euler, D'Alembert, Lagrange e Laplace. Foi uma época marcada pelas contribuições na matemática e na mecânica. Euler foi um dos cientistas mais destacados pela sua diversidade de contribuições em diferentes áreas, como matemática, física, astronomia, engenharia e construção naval. D'Alembert foi conhecido como matemático, cientista e filósofo, com grandes contribuições, junto a Euler, para o desenvolvimento das equações diferenciais ordinárias e parciais, fundamentos do cálculo, convergência de séries, entre outras. Por sua vez, Lagrange e Laplace auxiliaram no progresso da mecânica teórica e celeste – Lagrage com a obra e *Mécanique Analytique*, e Laplace com *Mécanique Celeste*. No século XIX, a influência matemática esteve protagonizada por cientistas como Gauss, Riemann, Bolzano, Cauchy, Weiertrass e Hilbert. Com Gauss, os aportes estiveram direcionados à aritmética, com sua obra *Disquisitiones arithmeticae* sobre pesquisas aritméticas. Ele também realizou aportes em áreas como astronomia, geometria diferencial, funções complexas, geometrias não euclidianas e termodinâmica; também é notório por ter inventado, com Weber, o telégrafo, no ano de 1833. Riemann realizou aportes em relação ao conceito de superfícies de Riemann, que são utilizadas na análise. Também contribuiu para a teoria de números e a geometria, realizando aportes no estudo de espaços métricos, o que permitiu o desenvolvimento da teoria da relatividade, contribuindo, assim, também para a física.

De sua parte, Bolzano foi reconhecido por seus diferentes aportes na matemática. Em seu livro *Rein Analytisches Bewis*, referente à prova unicamente analítica, demostrou o teorema do anulamento em álgebra, realizando contribuições também no estudo de conjuntos infinitos, apoiado nas ideias de Galileu. Já Cauchy auxiliou de forma significativa no desenvolvimento da matemática pura, com destaque para as demonstrações rigorosas, sendo nomeado o fundador do rigor do cálculo. Seus aportes estiveram direcionados ao desenvolvimento do rigor matemático.

Karl Weierstrass, por sua vez, ficou conhecido pela sua relação com a aritmética, especialmente em relação à definição de número real, mas também contribuiu para o conceito de limite, e os conceitos atuais utilizados sobre limite, continuidade e derivada de uma função foram introduzidos inicialmente por ele. Finamente, Hilbert ficou conhecido por seus aportes na álgebra e na geometria, mas também pelos 23 problemas que apresentou em um congresso matemático, os quais precisavam de solução.

No século XX, a matemática contou com John Von Neumann e Oskar Mongerstern, que contribuíram para a teoria dos jogos e o comportamento econômico, referente a uma teoria matemática sobre comportamento humano. Von Neumann foi quem concretizou a ciência da computação. Ainda, o matemático Andrew Wiles demostrou o teorema de Fermat, já citado anteriormente, e no ano 2000 o Instituto Clay apresentou uma lista dos sete problemas do milênio.

Finalizamos o desenvolvimento da história da matemática destacando que o surgimento da educação matemática e o interesse de se preocupar com o ensino começou em 1908, com o surgimento da Comissão Internacional do Ensino de Matemática, representando o distanciamento entre a matemática e a educação matemática. Atualmente, o desenvolvimento da educação matemática tem ganhado muito espaços, sendo que já existem licenciaturas em Matemática direcionadas especificamente à formação de professores, além de diferentes estratégias e metodologias que ajudam de forma diferenciada em seu ensino, sendo que algumas delas serão apresentadas na sequência.

1.3 Tendências da educação matemática

De forma simples e direta, podemos dizer que as tendências na educação matemática representam as diferentes formas de organizar o ensino-aprendizagem da Matemática, as quais se referem a metodologias que permitem organizar o ensino da disciplina de maneira diversa da tradicional, o que possibilita transcender as dificuldades próprias dessa aprendizagem. Na sequência, apresentaremos diferentes tendências utilizadas, com o intuito de mostrar as várias possibilidades metodológicas com as quais um professor pode contar no ensino da Matemática. Destacamos que as definições de cada uma delas dependem do posicionamento dos autores que as definem e, além disso, elas podem apresentar semelhanças ou caraterísticas comuns.

- **Resolução de problemas**: Essa tendência tem sido uma das mais utilizadas na educação matemática e é uma das que pode apresentar caraterísticas comuns a outras tendências, já que, dependendo do problema a resolver, seu desenvolvimento poderá se dar em conformidade com elas. A resolução de problemas na educação matemática surgiu com o intuito de proporcionar aos estudantes as possibilidades de compreender e se desenvolver em suas realidades de forma autônoma e intelectual. Devido à sua influência, ela representa uma das tendências com maior aplicabilidade nas escolas, desde os primeiros anos. O que se entende por *problema* vai depender do posicionamento da pessoa, mas o relevante é que esse problema possa oferecer aos estudantes capacidades para que se desenvolvam e resolvam situações de suas realidades.
- **Investigação matemática**: Essa tendência promove o desenvolvimento da atividade matemática em sala de aula, já que o estudante é convidado a pensar como um matemático durante todo o processo de resolução do problema – desde

a formulação de conjeturas até as discussões dos resultados apresentados. Na investigação matemática, propõe-se que os estudantes escolham como desenvolver a investigação, qual caminho seguir e as conclusões as quais se poderá chegar. Nesse caso, o desenvolvimento da investigação é fundamental no trabalho, já que se realizam iterações que favorecem o aprendizado dos estudantes. Isso faz com que eles apresentem certa autonomia no desenvolvimento da situação, mas sem perder a orientação do professor, que deve lhes oferecer apoio, sem resolver a situação.

- **Modelagem matemática**: Essa tendência tem sido muito desenvolvida nos últimos anos, tendo aparecido primeiramente no começo do século XX, quando começou a ser utilizada na educação matemática. A modelagem matemática representa um processo no qual se obtém um modelo que possa dar resposta a um determinado problema. Seu uso possibilita apresentar alternativas contextualizadas a certas realidades dos estudantes (Biembengut; Hein, 2014). Com base nela, pode-se estruturar um problema real em um problema matemático, o que pode representar uma boa oportunidade para que os estudantes utilizem a matemática para indagar e resolver situações vinculadas à realidade.
- **Jogos matemáticos**: Os jogos na matemática representam atividades lúdicas com enfoque educativo. Isso significa que sua estrutura deve ser planejada de forma estratégica, com objetivos claros. Tais jogos não são livres de regras, mas estas são construídas de forma coletiva, promovendo a interação cultural e intelectual. Nas culturas antigas, os jogos já se faziam presentes para a resolução de determinados

problemas. Sem dúvida, eles tornam a aprendizagem da matemática mais atrativa, por seu enfoque lúdico e diferente das aulas convencionais. Porém, a aplicação de jogos em sala de aula necessita ser bem planejada e estruturada pelo professor, para que os objetivos de aprendizado possam ser atingidos e se promova também o raciocínio matemático.

- **História da matemática**: Essa tendência vem ganhando espaço desde os anos 1980, quando começou a ser utilizada para o ensino da Matemática. O uso dela representa uma grande oportunidade para mostrar aos estudantes situações similares às reais que deram origem a determinados conceitos matemáticos, o que outorga sentido ao conteúdo estudado. A história da matemática corresponde a uma alternativa significativa que contribui tanto no aprendizado dos estudantes como na formação dos professores. Assim, situar os alunos em relação a situações que apresentam fatos históricos para o desenvolvimento da matemática pode gerar neles possibilidades de ganhar experiências que lhes permitam transcender dificuldades em seus contextos reais, tal como ocorreu antigamente com as pessoas que foram constituindo a matemática.

- **Etnomatemática**: Concretizada por Ubiratan D'Ambrosio, a etnomatemática foi proposta com o intuito de utilizar a matemática de grupos étnicos, relacionando seu contexto com o conteúdo matemático, já que cada cultura tem uma identidade própria que orienta suas formas de pensar e agir, influenciando o desenvolvimento de suas ideias matemáticas. O significado da palavra *etnomatemática* indica que existem diferentes formas de explicar os diversos contextos da realidade (D'Ambrosio, 1996). Explicitamente, *etno* representa a cultura, *matema* diz respeito a como explicar e *tica* se refere à técnica. Nesse sentido, utilizar a etnomatemática como uma forma de ensinar a disciplina pode representar o desenvolvimento do estudante em sua própria cultura, já que a matemática é desenvolvida na sociedade na qual ele está inserido.

- **Laboratório de matemática**: Essa é outra tendência muito interessante, por meio da qual é possível promover a apropriação do conhecimento de forma individual ou coletiva. Nesse espaço, procura-se promover a criatividade e o trabalho dinâmico com o intuito de favorecer o processo de ensino-aprendizagem de forma diferenciada. Dessa forma, pode-se apresentar a combinação de outras tendências com a matemática, como é o caso do uso de jogos, tecnologias digitais, resolução de problemas, entre outros. Ainda, podem ser utilizados diferentes recursos e ferramentas que promovam o ensino-aprendizagem da Matemática de forma diferenciada. Portanto, o laboratório de matemática representa uma alternativa importante para utilizar a criatividade e promover a aprendizagem de forma exploratória, experimental e dinâmica.

- **Tecnologias digitais**: Com o desenvolvimento da humanidade, as tecnologias digitais vêm ganhando espaços significativos para o ensino da Matemática. Segundo Borba e Villareal (2005), com o surgimento dessas tecnologias, a educação matemática tem sido favorecida, já que elas potencializaram as possibilidades de visualização e experimentação que, no que se refere ao ensino, resultam em processos diferenciados para os estudantes. Antes das tecnologias digitais, já existiam tais processos, mas, com elas, tornou-se possível otimizar a visualização e a experimentação da matemática. Diversos são os autores que têm desenvolvido estudos em relação a tais tecnologias e sobre sua influência na educação matemática em geral, tanto para os estudantes como para a formação dos professores (Borba; Penteado, 2005; Kenski, 2003; Lévy, 2016).

- **Leitura e escrita na educação matemática**: A leitura e a escrita na educação matemática têm ganhado espaço por conta das reflexões realizadas quanto à importância do letramento matemático. Na educação infantil, uma das formas de se comunicar com os alunos é por meio das representações que eles realizam no papel, e isso representa uma forma de transmitir conceitos matemáticos. Antigamente, eram apresentados os problemas de forma meramente escrita, sendo necessário ter um letramento matemático para poder fornecer respostas a tais problemas. Existem diferentes recursos para utilizar essa tendência, como: escrita de cartas, produção de tirinhas, histórias em quadrinhos, elaboração de relatórios, poemas, crônicas, desenvolvimento de problemas, entre outros.
- **Matemática crítica**: Essa tendência é muito particular, já que possibilita aos alunos uma aproximação aos conhecimentos matemáticos de forma crítica, forçando-os a ter um posicionamento, com o intuito de promover uma sociedade na qual todos os cidadãos tenham acesso à tecnologia. O objetivo é promover nos estudantes as ferramentas que os permitam analisar de forma crítica determinado problema matemático para resolvê-lo. Para isso, Skovsmose (2000) menciona os cenários para a investigação de diferentes

formas de abordar conteúdos matemáticos, desde a forma meramente matemática até a forma real.

Na educação matemática, essas e outras tendências significam formas diferenciadas de organizar o ensino-aprendizagem da Matemática, sempre com a intenção de favorecer o aprendizado dos estudantes. Com isso, queremos dizer que nenhuma tendência é melhor que a outra, pois a escolha por uma ou outra sempre vai depender dos objetivos pedagógicos do professor. Porém, é relevante que este possua um panorama das diferentes alternativas com as quais possa contar para fins pedagógicos. Tais tendências podem ser combinadas entre si, utilizando as qualidades de umas e de outras. Nisso vai influenciar significativamente a criatividade do professor e as condições do contexto no qual está inserido.

1.4 A legislação educacional e a matemática

Anteriormente, compreendemos as perspectivas acerca dos movimentos históricos da matemática. A partir de agora, discutiremos sobre as legislações que norteiam o ensino da Matemática e, consequentemente, a educação brasileira como um todo.

A aprendizagem da Matemática na educação básica e na educação especial não se restringe apenas ao domínio do cálculo de forma estanque dos conceitos do cotidiano. É preciso considerar os fatos e artefatos históricos constituídos pela sociedade com o intuito de colaborar para uma aprendizagem mais significativa pelos estudantes.

Para que haja uma legislação, é necessário haver um movimento que estabeleça a necessidade para que ela seja instituída. Nesse aspecto, a legislação aplicada à matemática é a própria legislação da educação em suas diferentes versões.

Sob essa ótica, a Figura 1.4, a seguir, demonstra um avanço da legislação educacional até chegar na contemporaneidade, onde se estabeleceu a Base Nacional Comum Curricular (BNCC).

Figura 1.4 – Legislações e avanços da matemática

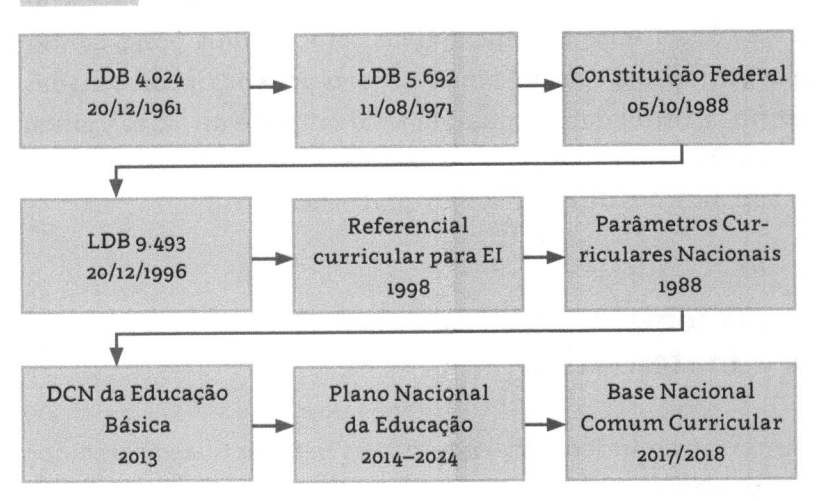

LDB 4.024 20/12/1961	→	LDB 5.692 11/08/1971	→	Constituição Federal 05/10/1988
LDB 9.493 20/12/1996	→	Referencial curricular para EI 1998	→	Parâmetros Curriculares Nacionais 1988
DCN da Educação Básica 2013	→	Plano Nacional da Educação 2014–2024	→	Base Nacional Comum Curricular 2017/2018

Vamos iniciar nossas discussões a partir da Lei n. 4.024, de 20 de dezembro de 1961 (Brasil, 1961) – a Lei de Diretrizes e Bases da Educação Nacional (LDB). Embora não traga nada explícito acerca da Matemática, é necessário conhecermos a evolução histórica da legislação até chegarmos à contemporaneidade. Contudo, a legislação menciona, em seu art. 20, que a lei federal ou estadual atenderá:

a) à variedade de métodos de ensino e formas de atividade escolar, tendo-se em vista as peculiaridades da região e de grupos sociais; b) ao estímulo de experiências pedagógicas com o fim de aperfeiçoar os processos educativo. (Brasil, 1961)

Pensando pelo viés da matemática, apoiando-nos no que expusemos anteriormente, quando a legislação afirma a necessidade de variedade de métodos de ensino, bem como de experiências pedagógicas para o melhoramento dos processos educativos, temos de correlacionar essa afirmação com o que ocorre atualmente no ensino da disciplina. Por exemplo, muitos professores acreditam que ensinar Matemática simplesmente perpassa pela resolução de extensivos exercícios e problemas. Contudo, a matemática é um movimento que abrange, sobretudo, aspectos de fluência, ou seja, deve-se garantir um ensino significativo para realmente propor a internalização e a concretização do pensamento lógico-matemático.

Pensando por essa perspectiva, precisamos entender, ainda, que, na legislação citada anteriormente, a educação especial era considerada e tinha a nomenclatura de *educação para excepcionais*. Nesse sentido, os processos educativos que devem ser garantidos e aprimorados também devem se estender aos ditos *excepcionais*. A esse respeito, a legislação citada, em seu art. 88, afirma que "a educação de excepcionais, deve, no que fôr possível, enquadrar-se no sistema geral de educação, a fim de integrá-los na comunidade" (Brasil, 1961). Ou seja, o texto apresenta uma primeira iniciativa acerca da educação especial, sobretudo caminhando para o que conhecemos hoje, que é a inclusão.

Seguindo os nossos estudos acerca da legislação educacional, trataremos da Lei n. 5.692, de 11 de agosto de 1971 (Brasil, 1971), que também se configurou como uma das versões da LDB. Embora não tenha abordado o ensino da Matemática, ela exprimiu questões importantes sobre o currículo, mencionando também o que os ensinos de 1º e 2º graus deveriam contemplar para serem eficazes aos alunos:

Art. 1º O ensino de 1º e 2º graus tem por objetivo geral proporcionar ao educando a formação necessária ao desenvolvimento de suas potencialidades como elemento de autorrealização, qualificação para o trabalho e para o exercício consciente da cidadania. (Brasil, 1971)

Importante fazer uma inferência desse excerto da legislação com o ensino da Matemática, na educação especial ou não, uma vez que ambas objetivam o mesmo: colaborar com o desenvolvimento do pensamento lógico-matemático por meio da aplicação de conhecimentos à vida cotidiana dos sujeitos.

Quando a legislação fala sobre preparar e qualificar para o mercado de trabalho e exercer a cidadania, qual seria a importância da matemática nesses dois aspectos da vida? Para o mercado de trabalho, o conhecimento dos elementos da matemática é de extrema importância, pois, quando falamos desta, não estamos apenas conceituando as quatro operações de adição, divisão, subtração e multiplicação, mas sim referindo-nos a raciocínio lógico, planejamento de ações, sequenciamento de atividades, bem como à organização do pensamento e à execução de atividades de trabalho, por exemplo. Já para o exercício da cidadania, basta pensarmos em um exemplo simples: já se imaginou indo ao mercado sem saber fazer a interpretação matemática dos preços dos produtos? Como seria essa situação? Pois bem, esse exemplo se aplica ao exercício da cidadania. Por isso, a alfabetização matemática é tão importante para nossos alunos, da educação especial ou não.

Já em 1988, foi promulgada a Constituição Federal, mais conhecida como *Constituição Cidadã*, que trouxe uma perspectiva de educação para todos, assumindo o compromisso educacional não apenas com as pessoas ditas "normais", mas também com as pessoas com deficiência e os jovens e adultos, tendo em vista o grande índice de analfabetismo que o país vivenciava nessas décadas.

A esse respeito, a Constituição traz em seu corpo de texto vários excertos que mencionam as pessoas com deficiência. No entanto, antes de adentrarmos nesses excertos, vamos recorrer, por exemplo, ao texto do art. 5.

> Art. 5° Todos são iguais perante a lei, sem distinção de qualquer natureza, garantindo-se aos brasileiros e aos estrangeiros residentes no País a inviolabilidade do direito à vida, à liberdade, à igualdade, à segurança e à propriedade [...].
> (Brasil, 1988)

Em seguida, em seus diversos artigos, são mencionadas questões relativas à proteção da pessoa com deficiência, à proibição da discriminação, bem como à aplicação de recursos voltados à educação, à saúde e à assistência social para melhoramento e equidade das pessoas com deficiência.

Todo o exposto na Constituição fez emergir a necessidade de criação de uma legislação educacional específica, ou seja, a LDB – atualizada pela Lei n. 9.394, de 20 de dezembro de 1996 (Brasil, 1996) –, para dar conta de todos os aspectos educacionais que estavam contidos na Constituição, como a garantia à educação e a questão da inclusão, por exemplo.

A LDB trouxe pela primeira vez um capítulo específico tratando da educação especial, no qual afirma que esta se configura como uma modalidade educacional transversal, ou seja, pode aparecer e ser aplicada a todos os níveis e as etapas da educação brasileira, da educação infantil ao ensino superior, objetivando garantir o acesso e a permanência dos estudantes com deficiência. A LDB, em seu art. 58, expõe que:

> Entende-se por educação especial, para os efeitos desta Lei, a modalidade de educação escolar oferecida preferencialmente na rede regular de ensino, para educandos com deficiência, transtornos globais do desenvolvimento e altas habilidades ou superdotação. (Brasil, 1996)

Durante todo esse capítulo da legislação, é possível perceber uma preocupação com os processos inclusivos e com a oferta de uma educação de qualidade, por exemplo. Nesse sentido, a lei menciona que o início dessa oferta deve ocorrer logo na educação infantil. Isso tem por objetivo trabalhar uma formação integral com a criança. Em seguida, o texto legal explica a perspectiva do atendimento educacional especializado para as diferentes deficiências e traz, em seu art. 59, uma nova perspectiva, voltada para o currículo e o ensino:

> Art. 59. Os sistemas de ensino assegurarão aos educandos com deficiência, transtornos globais do desenvolvimento e altas habilidades ou superdotação:
> I – currículos, métodos, técnicas, recursos educativos e organização específicos, para atender às suas necessidades;

II – terminalidade específica para aqueles que não puderem atingir o nível exigido para a conclusão do ensino fundamental, em virtude de suas deficiências, e aceleração para concluir em menor tempo o programa escolar para os superdotados;
III – professores com especialização adequada em nível médio ou superior, para atendimento especializado, bem como professores do ensino regular capacitados para a integração desses educandos nas classes comuns;
IV – educação especial para o trabalho, visando a sua efetiva integração na vida em sociedade, inclusive condições adequadas para os que não revelarem capacidade de inserção no trabalho competitivo, mediante articulação com os órgãos oficiais afins, bem como para aqueles que apresentam uma habilidade superior nas áreas artística, intelectual ou psicomotora;
V – acesso igualitário aos benefícios dos programas sociais suplementares disponíveis para o respectivo nível do ensino regular. (Brasil, 1996)

No trecho citado, podemos perceber uma preocupação relacionada aos currículos, às técnicas e aos métodos ofertados para essa modalidade. Fazendo um paralelo com o ensino da Matemática, devemos nos preocupar com a forma com que ensinávamos e ensinamos Matemática, ou seja, será que o mesmo currículo para as mais diferentes deficiências serão eficazes? Surge a necessidade de promover uma adaptação curricular que envolva a utilização de materiais alternativos e manipulativos, para atender às especificidades e peculiaridades de cada estudante e, além disso, oferecer, principalmente aos alunos com habilidades ou superdotação, atendimento adequado e enriquecimento curricular para atender tal demanda.

Seguindo essas premissas de legislação, em 1998 houve a promulgação dos Referenciais Nacionais para a Educação Infantil (RCNEI), com o objetivo de clarificar aspectos relacionados à educação infantil e propor metas de qualidade para a primeira etapa da educação conforme a nova LDB. Assim, os RCNEI serviram como um guia de orientações, trazendo aspectos relacionados a conteúdos, metodologias, entre outros aspectos importantes.

O documento foi organizado em três volumes. O terceiro, com a temática "Movimento, Música, Artes Visuais, Linguagem Oral e Escrita, Natureza e Sociedade e Matemática", traz o que se deve trabalhar em relação aos conteúdos matemáticos na educação infantil. Logo, vamos comentar um pouco a respeito dos referenciais, correlacionando-os à educação especial.

No tocante à Matemática, o RCNEI estabelece que:

> As crianças participam de uma série de situações envolvendo números, relações entre quantidades, noções sobre espaço. Utilizando recursos próprios e pouco convencionais, elas recorrem a contagem e operações para resolver problemas cotidianos, como conferir figurinhas, marcar e controlar os pontos de um jogo, repartir as balas entre os amigos, mostrar com os dedos a idade, manipular o dinheiro e operar com ele etc. Também observam e atuam no espaço ao seu redor e, aos poucos, vão organizando seus deslocamentos, descobrindo caminhos, estabelecendo sistemas de referência, identificando posições e comparando distâncias. Essa vivência inicial favorece a elaboração de conhecimentos matemáticos.
> (Brasil, 1998b, p. 207)

Podemos perceber a relação estabelecida pelos RCNEI entre a criança, a aprendizagem matemática e o meio, ou seja, por meio de seu desenvolvimento humano. Durante muito tempo, o ensino da Matemática foi pautado apenas pela perspectiva dos processos de memorização e repetição de grafia dos números, cadenciando conteúdos. Contudo, o ensino não deve se resumir a isso, e sim contemplar vivências e significações. Isto é, podemos dizer que, para aprender matemática e seus conceitos, a criança precisa experienciar.

No tocante à criança com deficiência, existem duas situações: em uma delas, a criança possui o cognitivo preservado; na segunda, ela não possui o cognitivo preservado. Esse último cenário ocorre sobretudo quando da existência de uma deficiência intelectual. Esta não é considerada uma doença ou um transtorno psiquiátrico, mas sim um (ou mais) fator que causa prejuízo das funções cognitivas que acompanham o desenvolvimento do cérebro (Honora; Frizanco, 2008).

Todavia, ensinar Matemática para essas crianças não se resume apenas a colorir materiais com a grafia dos números, mas envolve a criação de nexos com a vida de cada um deles, aproveitando suas experiências vivenciais e gerando pontos de interesse.

Seguindo na legislação educacional, foi elaborado o documento Parâmetros Curriculares Nacionais (PCN), que traz para o ensino fundamental os conhecimentos que o estudante precisa adquirir, bem como um extrato de caracterização da área da matemática e uma trajetória histórica desse componente curricular.

Os PCN apresentam a divisão das séries iniciais em primeiro e segundo ciclos, nos quais indica-se que os sujeitos precisam aprender e conhecer os conceitos relacionados aos números naturais e o sistema de numeração decimal, operações com números naturais, espaços e formas, grandezas e medidas e tratamento da informação. Ou seja, o aluno, com deficiência ou não, deve elaborar esses conceitos e internalizá-los nessa fase de escolarização. Portanto, os professores, conforme dita a LDB, precisam estabelecer currículos e técnicas para darem conta de colaborar com a aprendizagem do estudante com deficiência em relação ao ensino da Matemática. A esse respeito, os PCN (Brasil, 1997, p. 19) estabelecem que: "A Matemática precisa estar ao alcance de todos e a democratização do seu ensino deve ser meta prioritária do trabalho docente".

Ou seja, os PCN trazem quatro eixos temáticos para se trabalhar: números e operações (aritmética e álgebra); espaço e formas (geometria); grandezas e medidas (aritmética, álgebra e geometria); e tratamento da informação (estatística, combinatória e probabilidade) (Brasil, 1997). O documento apresenta, ainda, recursos para a aprendizagem da Matemática, como: resolução de problemas, recurso da história da matemática, recursos de tecnologias da informação e jogos. Todo esse trabalho deve perpassar, conforme mencionado nos PCN (Brasil, 1997), o primeiro (1ª e 2ª séries) e segundo ciclos (3ª e 4ª séries) do ensino fundamental.

Ainda em relação aos PCN, o texto apresenta as orientações para o 3° (5ª e 6ª séries) e 4° ciclos (7ª e 8ª séries), retomando todos os conceitos dos ciclos anteriores e avançando na potencialização, radicalização, cálculo e conectividade entre os conteúdos e os temas transversais – por exemplo, a ética, a sexualidade etc.

Logo na sequência das legislações, temos as Diretrizes Curriculares Nacionais (DCN) para a Educação Básica, que servem de cunho norteador para a educação brasileira em todos os níveis, etapas e modalidades (Brasil, 2013). Na menção à Matemática, o documento compreende o componente curricular como sendo obrigatório da parte comum dos currículos, conforme definido pela LDB. Outro ponto que chama a atenção nesse documento se refere ao atendimento educacional especializado.

As DCN apresentam que o Decreto n. 6.571, de 17 de setembro de 2008 (Brasil, 2008), que dispõe sobre o atendimento educacional especializado, regulamenta o parágrafo único do art. 60 da Lei n. 9.394/1996 e acrescenta um dispositivo ao Decreto n. 6.253, de 13 de novembro de 2007 (Brasil, 2007), assim estabelecendo:

> Art. 1º A União prestará apoio técnico e financeiro aos sistemas públicos de ensino dos Estados, do Distrito Federal e dos Municípios, na forma deste Decreto, com a finalidade de ampliar a oferta do atendimento educacional especializado aos alunos com deficiência, transtornos globais do desenvolvimento e altas habilidades ou superdotação, matriculados na rede pública de ensino regular.
>
> § 1º Considera-se atendimento educacional especializado o conjunto de atividades, recursos de acessibilidade e pedagógicos organizados institucionalmente, prestado de forma complementar ou suplementar à formação dos alunos no ensino regular.
>
> § 2º O atendimento educacional especializado deve integrar a proposta pedagógica da escola, envolver a participação da família e ser realizado em articulação com as demais políticas públicas. (Brasil, 2008)

Ou seja, trata-se de um grande aporte, sobretudo para o melhoramento do ensino da Matemática na educação especial, principalmente por meio da utilização de aspectos lúdicos, como soroban, materiais manipulativos e estratégias neurocognitivas.

Seguindo o processo de legislação, foi criado, em 2014, o Plano Nacional de Educação (PNE), instituído pela Lei n. 13.005/2014, que determina metas e estratégias para o período de dez anos, iniciando em 2014 e encerrando-se em 2024. Em sua meta 5, o PNE estabelece a necessidade de "alfabetizar todas as crianças, no máximo, até o final do 3º (terceiro) ano do ensino fundamenta." (Brasil, 2021). Já na meta 7, o intuito é: "Fomentar a qualidade da educação básica em todas as etapas e modalidades, com melhoria do fluxo escolar e da aprendizagem" (Brasil, 2021).

Percebemos, assim, que, quando falamos sobre alfabetizar crianças, estamos nos referindo a todas as crianças, com ou sem deficiência, aplicando recursos, técnicas, currículos específicos e adaptados para tal público. Isso é diferente de alfabetizar somente em língua portuguesa. Pelo contrário, é necessário concretizar também a alfabetização matemática, histórica, artística, entre outras. A meta 7 diz respeito à necessidade de fomentar a qualidade de educação em "todas as modalidades", isto é, incluindo aí a educação especial.

Por fim, chegamos à BNCC. Desde a constituição Federal e da LDB de 1996, já se estipulava a necessidade de uma base curricular em todo o território brasileiro. Essa base contempla o que é comum e necessário à aprendizagem dos alunos e o que é diversificado em virtude das regiões, respeitando os aspectos culturais, políticos, éticos e estéticos das singularidades brasileiras

A BNCC foi promulgada em 20 de dezembro de 2017, tendo sido atualizada em 2018, com a inclusão do ensino médio. Trata-se de um documento de caráter normativo, ou seja, possuindo peso de lei, no tocante a conceitos da matemática na educação infantil. A BNCC apresenta cinco eixos chamados *campos de experiência*: o eu, o outro e o nós; corpo, gesto e movimento; traços, sons, cores e formas; escuta, fala, pensamento e imaginação; por fim, espaços, tempos, quantidades, relações e transformações. Alguns deles chamam a atenção para a aprendizagem da Matemática na educação infantil:

- **Traços, sons, cores e formas**: O aluno consegue se expressar por meio da manipulação de materiais como argila e massa, além de traçar marcas gráficas, iniciando o processo de exploração, por exemplo, das questões geométricas.
- **Espaços, tempos, quantidades, relações e transformações**: O estudante começa a explorar objetos, sons, odores e temperaturas, bem como as características dos objetos, como tamanhos, massa e texturas, além de fazer comparação de objetos por meio de ações como transbordar, tingir, misturar, mover, remover, deslocar etc.

A BNCC ainda estabelece perspectivas diferentes para as séries iniciais e finais da área da matemática. Contudo, em ambos os ciclos, de acordo com o documento, é necessário garantir o letramento matemático, sendo que, nesse contexto:

O Ensino Fundamental deve ter compromisso com o desenvolvimento do **letramento matemático**, definido como as competências e habilidades de raciocinar, representar, comunicar e argumentar matematicamente, de modo a favorecer o estabelecimento de conjecturas, a formulação e a resolução de problemas em uma variedade de contextos, utilizando conceitos, procedimentos, fatos e ferramentas matemáticas. É também o letramento matemático que assegura aos alunos reconhecer que os conhecimentos matemáticos são fundamentais para a compreensão e a atuação no mundo e perceber o caráter de jogo intelectual da matemática, como aspecto que favorece o desenvolvimento do raciocínio lógico e crítico, estimula a investigação e pode ser prazeroso (fruição). (Brasil, 2018, p. 266, grifo do original)

O interessante é que a BNCC traz as unidades temáticas, sendo elas iguais para as séries iniciais e finais do ensino fundamental e para o ensino médio. No entanto, elas vão sendo ampliadas conforme os anos vão passando. Ainda, o documento estabelece as competências específicas da Matemática, por exemplo, para o ensino fundamental. Em um primeiro momento, o aluno deve compreender que a matemática é uma ciência exata, mas também humana, preocupando-se com as questões culturais e com o ensino por meio da Matemática em diferentes momentos da história. Além disso, trata-se de uma ciência que possui vida e que contribui para a solução de diferentes situações e problemas, inclusive com focos culturais, sociais, tecnológicos, científicos e do mundo do trabalho.

Em um segundo momento, precisamos estimular o desenvolvimento do raciocínio lógico-matemático nos estudantes, bem como o espírito de pesquisa, de investigação, além do incentivo ao desenvolvimento de uma dialética convincente, sempre procurando o conhecimento matemático para se apropriar do mundo que os cerca.

Em um terceiro momento, devemos levar os alunos à compreensão das relações e interdisciplinaridades entre os conceitos matemáticos (aritmética, álgebra, geometria, estatística e probabilidade) e outras áreas da ciência, demonstrando a importância desses conceitos para todos os setores da vida.

Ainda, nesse momento, suscita-se a necessidade de realizar observações holísticas, ou seja, do todo, tanto dos aspectos quantitativos quanto qualitativos, as quais se perpetuam no fazer social e na dinâmica da sociedade com o objetivo de procurar, indagar, organizar, representar e publicizar essas informações, com um enfoque crítico, reflexivo e matemático.

Em um quarto momento, temos de munir nossos estudantes e professores da conscientização da matemática e do uso adequado de ferramentas matemáticas, tecnológicas e, sobretudo, inclusivas, para que eles consigam resolver problemas e outras situações de ensino que estão presentes na sociedade com base em estratégias bem formuladas durante o percurso.

Seguindo, precisamos proporcionar aos estudantes diferentes situações-problema que envolvem variados contextos realísticos, isto é, que possam realmente acontecer na vida deles. A esse respeito, os alunos devem conseguir utilizar as várias linguagens matemáticas para resolver e descrever tais processos, por exemplo: algoritmos, fluxogramas, gráficos de barras, processos e modelagem de dados.

Por conseguinte, é necessário realizar desdobramentos em cima de discussões sociais, com conceitos éticos, estéticos, democráticos, de diversidade e de grupos sociais, na intenção de realizar a interação com a sociedade e seus pares, planejando, refletindo, criticando, interagindo e pesquisando, e propor soluções.

Além disso, outro ponto que precisa ser entendido se refere às competências específicas da área da matemática e suas tecnologias no ensino médio, buscando, principalmente, trabalhar com as correlações do uso e da aplicação da matemática nos diferentes contextos. O primeiro desses contextos diz respeito à utilização de diferentes estratégias e conhecimentos matemáticos com o intuito de interpretar situações cotidianas e diversas, enfocando, por exemplo, questões humanas, sociais, naturais, e assim por diante, contribuindo assim para uma formação ampla e interdisciplinar do conhecimento matemático.

Também, é importante proporcionar aos estudantes o conhecimento das linguagens matemáticas, com o intuito de, perante os fatos e artefatos cotidianos, levá-los à investigação e à proposição de soluções para os diferentes campos do conhecimento de forma ética e crítica, tudo isso com o auxílio do conhecimento e do pensamento matemático.

Compreender os aspectos legislativos da matemática contidos nos dispositivos legais, como a história, a avaliação, e o currículo, bem como fazer as correlações destes com a educação especial, será fundamental para a sequência deste livro, já que trataremos dos aspectos metodológicos do ensino da Matemática para a educação especial. Para tanto, na sequência versaremos brevemente sobre a matemática inclusiva e seu movimento.

1.5 O movimento da matemática inclusiva

Vamos iniciar nossa discussão nos pautando no texto adiante e, em seguida, vamos discorrer sobre o movimento da inclusão, inclinando-nos pela perspectiva da matemática. *Inclusão*, segundo Mantoan (2008):

> É a nossa capacidade de entender e reconhecer o outro e, assim, ter o privilégio de conviver e compartilhar com pessoas diferentes de nós. A educação inclusiva acolhe todas as pessoas, sem exceção. É para o estudante com deficiência física, para os que têm comprometimento mental, para os superdotados, para todas as minorias e para a criança que é discriminada por qualquer outro motivo.

Nesse sentido, falar em *matemática inclusiva* é falar sobre o próprio movimento da perspectiva inclusiva, pois, a partir do momento em que surgiu a necessidade de incluir os estudantes com deficiência, ocorreu também a preocupação de como seria realizado o ensino da Matemática nesse novo contexto, isto é, como adaptar o ensino da Matemática para as mais diversas deficiências. Isso gerou uma nova demanda de intervenção, não apenas pelos professores generalistas (pedagogos que lecionam nas séries iniciais) de educação básica, mas também pelos professores especialistas da área da matemática

Essas novas intervenções se baseiam principalmente na forma de ensinar matemática para uma diversidade grande de sujeitos. Por exemplo, será que uma criança com baixa visão conseguirá aprender matemática da mesma forma que uma criança com deficiência intelectual? Pois bem, sabemos que a aprendizagem se dará em nuances diferenciadas.

Partindo desse cenário, precisamos compreender de que maneira os professores de Matemática e os pedagogos e professores das séries inicias enfrentaram tais demandas de intervenção pedagógica, para fazer com que o ensino acontecesse de forma plena. Vamos partir dos estudos de Vygotsky (1997), para quem o desenvolvimento do deficiente, em diversos âmbitos de sua vida, ocorrerá sobretudo pela estimulação, principalmente de um dos órgãos sensoriais que está ausente.

Nesse viés, devemos compreender que, para se trabalhar a educação matemática, ou, ainda, o componente curricular de Matemática para crianças com as mais variadas deficiências, precisamos buscar estímulos do meio, com o objetivo de trabalhar os sentidos remanescentes.

As pessoas cegas ou com baixa visão aprenderão matemática por meio da pele, do tato, da audição, do paladar, ou seja, elas enxergam o mundo pelos órgãos dos sentidos remanescentes. Da mesma forma ocorre com as pessoas surdas, que "escutam" o mundo por meio da visão e de outros sentidos. Já as pessoas com deficiência intelectual aprenderão a matemática por meio de diferentes estímulos, cores, formatos, tamanhos e sons, compreendendo o mundo e a matemática mediante estímulos e intervenções matemáticas e pedagógicas, preparadas especificamente para sua condição e modalidade de aprendizagem. Por *modalidade de aprendizagem* entende-se a forma como a criança e o sujeito aprendem: se é mais pela visão, pela audição etc.

Pois bem, então qual é o papel da matemática inclusiva nesse processo? Buscar meios alternativos para compor um arcabouço teórico-metodológico com base em recursos, tecnologia assistiva e comunicação alternativa, para fazer com que ocorra a aprendizagem dos conceitos matemáticos, bem como o desenvolvimento do pensamento e do raciocínio lógico-matemático dos estudantes com deficiência, transtornos globais do desenvolvimento, altas habilidades ou superdotação.

O ensino da Matemática tradicional sempre está pautado na questão da visualização, principalmente de tabelas, gráficos e números. Mas, e quando a visão falta, como ensinar a Matemática? Precisamos aprender a desmistificar a disciplina por esse olhar, tendo em vista que muitos sujeitos não terão esse recurso. Portanto, nós, enquanto professores da área inclusiva, devemos estabelecer métodos e técnicas objetivando vencer os desafios e fazer uma matemática verdadeiramente inclusiva.

A esse respeito, Rosa e Baraldi (2018, p. 13) afirmam que:

> A Educação Inclusiva é um tema que precisa ser discutido para além da legislação. Temos que refletir como sociedade, como membros da comunidade escolar e, principalmente, como educadores matemáticos. A Educação Matemática é diretamente influenciada por essa (não) movimentação. Enquanto nós, educadores matemáticos, continuarmos pensando na padronização, na normalidade e idealizando discentes homogêneos não conseguiremos avançar. Precisamos começar a transformação por nós, pois TODOS os nossos alunos devem ser incluídos e não percebidos ou ressaltados por suas particularidades. Por que pensar em adaptações, sejam elas curriculares ou de materiais didáticos, somente quando aparece alguém 'diferente' do que tínhamos planejado? Por que o considerado 'diferente' não se encaixa em nosso planejamento, se ninguém é igual a ninguém?

A matemática sempre foi alvo de críticas quanto ao seu ensino rígido, ignorando em muitos aspectos a questão da ludicidade. Nessa perspectiva, quando trabalhamos com crianças com deficiência, existe a necessidade de utilizar critérios lúdicos, jogos, entre outros recursos. Então, por que não trabalhar assim com todos os escolares? De acordo com Schlünzen Junior e Lanuti (2016, p. 3): "Em uma perspectiva inclusiva, a Matemática deve estar acessível para todos e um dos seus objetivos é fazer com que os estudantes construam conhecimentos a partir de sua ação, reflexão, de modo que vejam sentido em aprender os conteúdos matemáticos".

No tocante aos conteúdos do componente curricular de Matemática para as crianças com a deficiência, precisamos, sobretudo, contextualizar os conteúdos, ou seja, relacioná-los com as experiências prévias dos sujeitos. Isso deve ser feito de maneira lúdica, por meio de jogos de regras, jogos sensoriais, entre tantos outros que podem ser explorados nesse contexto, tendo em vista que fazer uma matemática inclusiva na contemporaneidade "requer um ensino que tenha como ponto de partida o que os estudantes já conhecem, a escolha de recursos e materiais que possibilitem a construção de um ambiente estimulador para a ação e reflexão do estudante e uma nova forma de avaliar" (Schlünzen Junior; Lanuti, 2016, p. 3).

Síntese

Neste capítulo, apresentamos um panorama sobre o desenvolvimento da história da matemática, destacando os diferentes períodos nos quais foram desenvolvidas suas primeiras bases, esclarecendo que tais períodos não representam uma ordem cronológica, já que se referem a diferentes culturas. Depois, promovemos uma descrição da conhecida matemática moderna, destacando os diferentes protagonistas que contribuíram com diversos aportes para continuar com o desenvolvimento da disciplina. Em seguida, abordamos o surgimento da educação matemática no mundo.

Na sequência, apresentamos algumas das diferentes formas que existem, até o momento, para o ensino da Matemática: resolução de problemas; investigação matemática; modelagem matemática; jogos matemáticos; história da matemática; etnomatemática; laboratório de matemática; tecnologias digitais; leitura e escrita na educação matemática; e matemática crítica. Tais formas podem possuir caraterísticas em comum, mas seu entendimento vai depender do autor utilizado. Também podem ser utilizadas várias tendências ao mesmo tempo, o que vai depender da criatividade do professor ao organizar o ensino.

Além disso, comentamos sobre a legislação educacional da Matemática, propondo um panorama desde seus primeiros apontamentos até chegar à contemporaneidade, quando se estabeleceu a BNCC com o intuito de sedimentar o desenvolvimento da educação matemática no âmbito legal até levá-la ao movimento da matemática inclusiva, tema do último tópico deste capítulo, no qual apresentamos reflexões sobre o movimento da inclusão até se constituir no que entendemos por *matemática inclusiva*.

Desejamos que o estudo deste capítulo tenha proporcionado reflexões em relação ao desenvolvimento da matemática, passando pela educação matemática até a matemática inclusiva, um dos aspectos que vem ganhando espaço de interesses para professores.

Indicações culturais

MENDES, I. A.; CHAQUIAM, M. **História nas aulas de Matemática**: fundamentos e sugestões didáticas para professores. Belém: SBHMat, 2016. Disponível em: <http://www.sbem.com.br/files/historia_nas_aulas_de_matematica.pdf>. Acesso em: 25 fev. 2021.

Nesse livro, os autores apresentam um encaminhamento didático para o professor de Matemática da educação básica, abordando a inserção do aspecto histórico nas aulas da disciplina.

SILVA, M. A. da. A atual legislação educacional brasileira para formação de professores: origens, influências e implicações nos cursos de licenciatura em Matemática. **Revista de Educação PUC-Campinas**, n. 18, 2012. Disponível em: <https://seer.sis.puc-campinas.edu.br/seer/index.php/reveducacao/article/viewFile/245/2935>. Acesso em: 23 fev. 2021.

Nesse artigo, Silva apresenta uma pesquisa voltada à formação de professores sobre as propostas e interpretações da licenciatura em Matemática, considerando a legislação oficial para a formação de professores.

Atividades de autoavaliação

1. Assinale a alternativa que apresenta um período da história da matemática:
   a) Período egípcio.
   b) Período chino.

c) Período árabe.
d) Todas as alternativas anteriores estão corretas.

2. Qual dos matemáticos a seguir fez parte do período da matemática moderna?
   a) Euclides.
   b) Bhaskara.
   c) Cavalieri.
   d) Chan Tsanom.

3. Marque a alternativa correta:
   a) Só existe a resolução de problemas como tendência na educação matemática.
   b) Existem diversas tendências na educação matemática.
   c) Só existem as tecnologias digitais como tendência na educação matemática.
   d) Todas as alternativas anteriores estão corretas.

4. Assinale a alternativa que apresenta a legislação educacional atual:
   a) Constituição Federal.
   b) Referencial curricular.
   c) Parâmetros Curriculares Nacionais.
   d) Base Nacional Comum Curricular.

5. Marque a alternativa que representa um movimento da matemática inclusiva:
   a) Organização dos conteúdos de forma contextualizada.
   b) Organização dos conteúdos de forma lúdica.
   c) Organização dos conteúdos considerando experiências prévias.
   d) Todas as alternativas anteriores estão corretas.

Atividades de aprendizagem

Questões para reflexão

1. Qual é sua opinião a respeito do que diz a Base Nacional Comum Curricular sobre a inclusão?

2. Como você planejaria suas aulas para crianças com deficiência intelectual utilizando alguma das tendências apresentadas no capítulo?

Atividade aplicada: prática

1. Neste capítulo, abordamos as tendências utilizadas para o ensino da Matemática. Portanto, é importante colocar em prática uma atividade que seja direcionada por uma dessas tendências. Assim, para esta atividade, escolheremos a história da matemática, cuja realização demandará:

- uma pirâmide de papelão;
- um palito;
- uma lanterna.

Você utilizará a pirâmide de papelão, o palito e a lanterna da forma como apresentado na Figura 1.5. Então, questione os estudantes sobre a altura da pirâmide sem utilizar nenhum instrumento de medição. A partir disso, será preciso utilizar o conceito matemático referente ao Teorema de Tales, o qual ele constituiu quando queria medir as pirâmides do Egito. Após, apresente o conceito partindo dessa situação. Depois, o conceito poderá ser utilizado em outros contextos com os estudantes para checar se, de fato, eles desenvolveram o raciocínio em relação a tal conceito.

Figura 1.5 – Replicando o problema de Tales sobre a altura das pirâmides

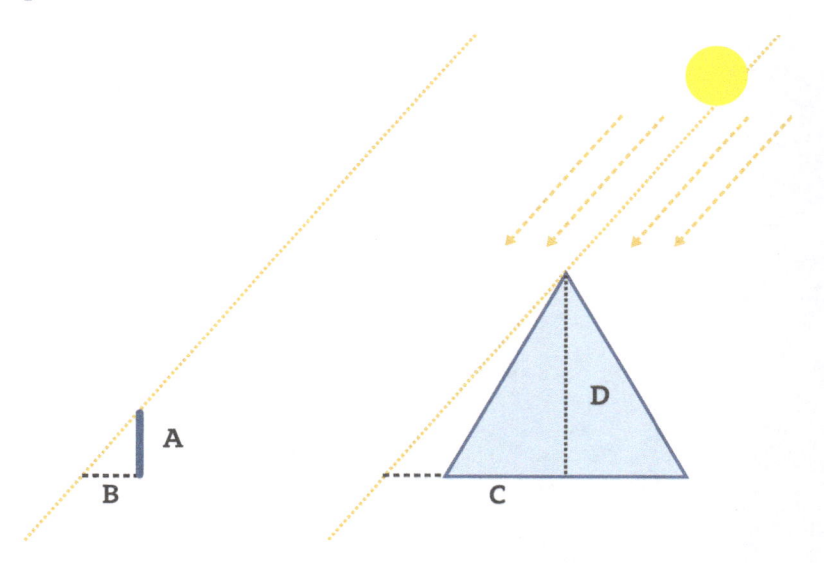

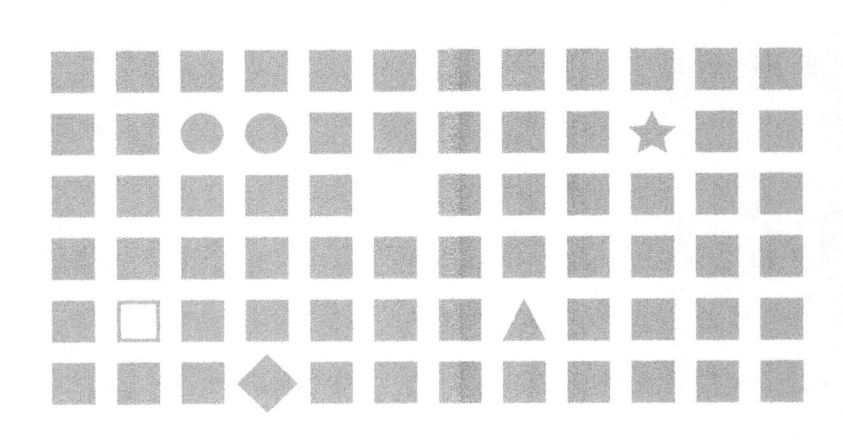

Capítulo 2
Pressupostos iniciais em metodologia de ensino da Matemática

Neste capítulo, abordaremos os pressupostos, as metodologias e a organização pedagógica das aulas de Matemática para a educação especial, objetivando situar você acerca dos processos de aquisição do conhecimento lógico, bem como das adaptações curriculares, do planejamento educacional, da avaliação e dos desafios da matemática inclusiva.

2.1 A aquisição do conhecimento lógico-matemático das crianças com deficiência

Para compreendermos o desenvolvimento do pensamento lógico-matemático do sujeito, precisaremos nos reportar à teoria piagetiana, a qual apresenta os estágios do desenvolvimento do pensamento lógico-matemático pela criança.

Jean Piaget foi um biólogo e epistemólogo suíço, nascido em 9 de agosto de 1896. Foi um investigador que desde criança tinha grande interesse pela pesquisa científica. Assim, desenvolveu uma das teorias mais importantes para as discussões acerca do desenvolvimento da inteligência e, sobretudo, dos aspectos lógicos e matemáticos da criança, denominada *epistemologia genética*. Por meio dela, Piaget buscou explicar como os sujeitos constroem os conhecimentos – por isso a palavra *genética*, com o sentido de origem.

Dessa forma, apresentaremos, na sequência, os estágios do desenvolvimento cognitivo propostos por Piaget. Rocha e Nascimento (2018, p. 7) trazem a seguinte explicação sobre esses estágios:

De modo geral no estágio da inteligência sensório motor (0-2 anos), conforme Piaget (1963b) [...], o comportamento é basicamente motor, a criança ainda não representa eventos internamente e não "pensa" conceitualmente; apesar disso, o desenvolvimento "cognitivo" é constatado à medida que os esquemas são construídos. Já no estágio do pensamento pré-operacional (2-7 anos), é caracterizado pelo desenvolvimento da linguagem e outras formas de representação e pelo rápido desenvolvimento conceitual. O raciocínio neste estágio é pré-lógico e semilógico. Quando atinge o estágio das operações concretas (7-11 anos) a criança desenvolve a capacidade de aplicar o pensamento lógico a problemas concretos no presente. Percebe-se então que no estágio formal (11-15 anos ou mais) as estruturas cognitivas da criança alcançam seu nível mais elevado de desenvolvimento, e as crianças tornam-se aptas a aplicar o raciocínio lógico a todas as classes de problemas.

Acompanhe na sequência o esquema dos estágios do pensamento proposto por Piaget (Quadro 2.1).

Quadro 2.1 – Estágios do pensamento para Piaget

Período de inteligência sensório-motora, ou período de latência, (até 2 anos).	1º estágio dos reflexos, ou mecanismos hereditários, e das primeiras tendências instintivas (nutrições) e das primeiras emoções.
	2º estágio dos primeiros hábitos motores e das primeiras percepções organizadas e dos sentimentos diferenciados.
	3º estágio da inteligência sensório-motora ou prática (anterior a linguagem), das regulações afetivas elementares e das primeiras fixações exteriores da afetividade.
Período do pensamento pré-operatório, (2 a 7 anos). Segunda parte da primeira infância.	4º estágio da inteligência intuitiva, dos sentimentos interindividuais espontâneos e das relações sociais de submissão ao adulto.
Período operatório concreto (7 a 12 anos).	5º estágio das operações intelectuais concretas (começo da lógica) e dos sentimentos morais e sociais de cooperação.
Período operatório formal (11 a 15 anos). Adolescência.	6º estágio das operações intelectuais abstratas, da formação da personalidade e da inserção afetiva e intelectual na sociedade dos adultos.

Fonte: Gamez, 2013, p. 62.

Refletindo sobre o exposto anteriormente, para que haja o desenvolvimento do pensamento lógico-matemático como apresentado por Piaget, ao longo do desenvolvimento infantil proposto por ele, é necessária a exploração de diferentes situações do cotidiano dos sujeitos, bem como levar em consideração dois fatores, conforme traz Pereira (1989):

- considerar o amadurecimento físico, especialmente do sistema nervoso central;

- considerar a ação física e mental sobre os objetos concretos do meio ambiente.

Nesse aspecto, a autora afirma que, no pensamento lógico-matemático, precisamos trabalhar na perspectiva de uma aquisição na qual devemos propor situações em que os estudantes consigam perceber a relação da matemática com o cotidiano. Por exemplo, na gastronomia, os estudantes devem compreender os processos de medida, quantidade, conservação de líquidos, massa, e assim por diante, bem como desenvolver a capacidade de classificar e seriar elementos e, ainda, a de indagar, refletir e discutir com os colegas sobre o porquê desses conceitos (Pereira, 1989).

Nesse caso, podemos apresentar várias perspectivas em relação ao desenvolvimento do pensamento lógico-matemático no que diz respeito às atividades, como as atividades de seriação, de conservação de líquido, de conservação de massa etc.

Se pensarmos pela ótica de Piaget, compreendemos que, para a aquisição dos conhecimentos lógicos e matemáticos, o desenvolvimento do pensamento matemático passa de um conhecimento menor para um conhecimento maior. Assim, as relações vão sendo estabelecidas por meio das experiências e das vivências cotidianas.

Sob essa ótica, para os indivíduos compreenderem e apreenderem os conceitos relacionados à matemática, é necessário que tenham suas estruturas operatórias desenvolvidas. Além disso, eles precisam se relacionar com os conteúdos que serão trabalhados. Caso isso não aconteça, a única perspectiva que se fará presente é a da memorização. Logo, o sujeito com as operações lógicas desenvolvidas será capaz de pensar de forma lógica, planejar suas ações, resolver problemas, bem como transformar e dar resolutivas em diferentes situações apresentadas a ele (Lopes; Viana; Lopes, 2012).

Assim, explicamos como ocorre o desenvolvimento do pensamento lógico-matemático para uma pessoa que não possui nenhuma deficiência ou transtornos de aprendizagem. Contudo, quando essas variáveis se fazem presentes, como no caso de crianças com deficiência intelectual, esse desenvolvimento poderá apresentar variações.

Nesse sentido, Inhelder (1963) apresenta um comparativo realizado por meio da aplicação das provas piagetianas a duas crianças: uma criança sem nenhuma característica de transtorno de aprendizagem ou deficiência e outra com deficiência intelectual. Conforme Schipper e Vestena (2016, p. 80), os resultados desse estudo foram os seguintes:

> a criança normal passa a um ritmo relativamente rápido por várias fases sucessivas, depois de um período de oscilação, antes de consolidar seu raciocínio, o indivíduo com Deficiência Intelectual apresenta o mesmo curso de desenvolvimento a uma velocidade mais lenta, em um nível singular de desequilíbrio.

Assim, para darmos prosseguimento ao nosso estudo, precisamos compreender o que são as provas operatórias piagetianas, bem como que o termo *operatório* adquire diferentes conceituações. Conforme Beyer (1996, p. 195), "Na matemática, a palavra operação tem um sentido preciso, referindo-se às operações de adição, subtração, multiplicação e divisão dos números. No âmbito da cognição refere-se às habilidades do raciocínio ou das operações mentais".

As provas do domínio operatório propostas por Piaget buscam verificar o grau do processo de aquisição dos aspectos cognitivos dos sujeitos, a exemplo de tempo, espaço, conservação, causalidade, número, classificação e seriação, entre outras. Em outras palavras, com essas provas, conseguimos descobrir e diagnosticar a forma como o sujeito opera, considerando a faixa etária, a cultura, o nível social e econômico. Para tanto, vamos a um exemplo de um conceito dessas provas: a reversibilidade. Nesse aspecto, a reversibilidade procura entende o processo de retornar ao estágio anterior ou, ainda, executar a mesma ação nos dois sentidos do percurso. Sobre esse tema, Barros (2006, p. 66) esclarece que:

> Quando o sujeito diz que existe conservação de A a B, porquanto se pode repor B no estado A trata-se do argumento reversibilidade simples ou por inversão. Quando, porém, o sujeito diz que a quantidade se conserva porque o objeto está alongado, mas, ao mesmo tempo, mais apertado (ou que a coleção ocupa um espaço maior, mas tornou-se menos densa), e que uma das duas modificações compensa a outra, temos o argumento de reversibilidade por reciprocidade de relações.

Ainda conforme Barros (2006), a criança com deficiência intelectual, por exemplo, apresenta diferença na velocidade do pensamento, oscilando entre o estágio pré-operatório e o operatório concreto. Uma das principais características desse sujeito está na dificuldade de realizar operações lógico-matemáticas, além de dificuldades nos conceitos de reversibilidade, ou seja, de voltar a um estágio anterior.

Segundo Barros (2006, p. 80), "tudo isso mostra um pensamento com leis próprias cuja lógica das relações leva a dificuldades em relacionar a parte com o todo e as noções de conjunto e classificações ficam comprometidas". Em relação a esses fatos, precisamos, sobretudo, trabalhar com questões relacionadas a materiais concretos, sensoriais e que estimulem toda essa dinâmica.

2.2 Adaptações didáticas do currículo para o ensino de Matemática

Provavelmente, você já ouviu falar na palavra *currículo*. No entanto, neste momento, não estamos falando do currículo que você leva nas empresas nem do Currículo Lattes, mas sim do documento por meio do qual a transformação social ocorre, concebido de acordo com as vivências da escola, a postura da gestão e a direção da instituição. Esse documento norteia a prática pedagógica dentro do âmbito educacional, definindo a identidade escolar,

Nesse sentido, Silva (2013) indica que o currículo tem como foco o aluno, o qual se encontra em determinado momento de sua vida, geralmente no percurso de um momento educativo na direção de algum conhecimento. Se o currículo tem como premissa colocar o sujeito no centro do processo de aprendizagem, então ele deve realmente se orientar partindo da necessidade desse sujeito. Surge assim a necessidade de promover um currículo adaptado e flexível como direito do estudante da educação especial, no nosso contexto, no componente curricular de Matemática.

Ainda por esse viés, Silva (2013) afirma que o currículo se caracteriza por uma estratégia de abordagem do objeto, que é o aluno. *Estratégia*, dessa forma, significa um modo de observar, de pensar e de agir do educador sobre o aluno. Por esse prisma, o educador, a escola e a equipe pedagógica precisam entender e definir estratégias de aprendizagem do currículo de Matemática, prevendo possibilidades de intervenção educacional para as dificuldades dos alunos com as mais diferentes deficiências.

Dessa forma, a escola precisa se orientar para um currículo inclusivo. Mas o que seria isso? Trata-se de uma inclinação legítima para o entendimento de que o currículo de Matemática deve, verdadeiramente, ter um olhar para a diversidade. Contar com um aluno com deficiência nas aulas de Matemática não a torna inclusiva; no entanto, quando o aluno com deficiência faz parte das aulas de Matemática e estas são verdadeiramente pensadas para ele enquanto indivíduo que possui identidade e características singulares, aí sim podemos dizer que o currículo é inclusivo.

A esse respeito, Silva (2013, p. 18) menciona que a escola tem um projeto educativo inclusivo "quando reconhece a complexidade das relações humanas (professor-aluno), a amplitude e os limites de seus objetivos e ações."

Logo, pensar uma adaptação curricular não significa facilitar os conteúdos para que os alunos sejam aprovados no componente de Matemática, e sim provê-los de recursos necessários para fazer com que aprendam de forma eficaz, trabalhando os conteúdos de diferentes maneiras, utilizando diferentes objetos, recursos eletrônicos e analógicos, tudo isso para enriquecer o currículo. Desse modo, a aprendizagem dos conceitos matemáticos poderá ocorrer de forma assertiva.

Não existe uma receita pronta para isso; sendo assim, o docente precisa usar sua criatividade. Nesse sentido, trabalhar as adequações curriculares na perspectiva inclusiva é visto "como um conjunto de modificações do planejamento, objetivos, atividades e formas de avaliação no currículo como um todo, ou em aspectos dele, para acomodar estudantes com necessidades especiais" (Brasília, 2021, p. 22).

No tocante à flexibilização curricular, temos de compreender que o professor de Matemática deve estabelecer avaliações de acordo com o perfil potencial do estudante, além de atividades, resoluções de problemas, jogos e demais tarefas, as quais precisam ser adequadas em relação à temporalidade.

A Secretaria do Estado de Educação do Distrito Federal estabelece algumas adaptações curriculares (Brasília, 2021). Nesse sentido, vamos fazer algumas correlações de tais adaptações com as aulas de Matemática.

A primeira delas se refere a adaptações organizativas, ou seja, que focam na disposição de mobiliários, tempos e espaços da sala de aula. Essa realidade pode abranger o ensino de Matemática, por exemplo, quando solicitamos aos alunos que se organizem em filas ou, ainda, quando as carteiras da sala são dispostas formando um círculo, ocasiões em que podemos trabalhar conceitos geométricos ao mesmo tempo em que adaptamos o currículo.

Outra adaptação diz respeito aos conteúdos, como no desenvolvimento do cálculo e do pensamento algébrico focando em habilidades sociais, em um ensino-aprendizado por pares, estabelecendo uma colaboração, ou seja, fazendo com que o aluno compreenda o que está aprendendo, realizando assim uma verdadeira alfabetização matemática inclusiva. Isso ocorre porque

> os alunos devem aprender a ler matemática durante as aulas dessa disciplina, pois para interpretar um texto matemático, o leitor precisa familiarizar-se com a linguagem e os símbolos próprios desse componente curricular, encontrando sentido no que lê, compreendendo o significado das formas escritas que são inerentes ao texto matemático, percebendo como ele se articula e expressa conhecimentos. (Smole; Diniz, 2001, p. 71, citadas por Nacarato; Mengali; Passos, 2011, p. 45)

Quando nos referimos a aprender a ler e compreender a matemática, significa que precisamos adaptar não apenas conteúdos e avaliações, mas sim compreender a real necessidade e relevância dessa adaptação nas aulas de Matemática.

Ainda com relação às adaptações curriculares na perspectiva da Matemática, devemos propor diferentes modificações, sejam elas de pequeno ou de grande porte. Por exemplo, quando estamos alfabetizando matematicamente uma criança que se encontra no primeiro ano do ensino fundamental das séries iniciais, precisamos demonstrar a ela a escrita dos algarismos, bem como a forma geométrica destes. Contudo, quando a criança possui deficiência visual, devemos nos apoiar em materiais concretos.

De maneira diferente acontece com os alunos que possuem habilidades ou superdotação. Nesse caso, devemos fazer um enriquecimento curricular, tendo em vista que tais alunos já possuem a habilidade matemática que está sendo trabalhada no momento. Por isso, nós, enquanto docentes, precisaremos trabalhar, em diferentes momentos, com conteúdos mais avançados.

2.3 O planejamento das aulas de Matemática para a educação especial

Como planejar aulas de Matemática para estudantes público-alvo da educação especial? Essa é uma pergunta para a qual não há uma resposta correta. Contudo, podemos fornecer algumas dicas e elementos que precisam se fazer presentes no momento de se pensar tal planejamento.

Antes de aplicar qualquer plano de ensino às crianças com deficiência, primeiramente precisamos entender qual é sua deficiência, quais são suas limitações e potencialidades etc. Partindo disso, contemplaremos, no plano de aula, o plano de ensino, bem como os recursos necessários para colaborar com a aprendizagem desse estudante. Isso porque, para desenvolvermos as habilidades matemáticas nos estudantes com deficiência, é importante entender o que eles precisam para compreender tais conceitos.

Sob essa ótica, em relação aos conceitos matemáticos, é necessário compreender com quais conteúdos trabalharemos, usando como interface o que está escrito na Base Nacional Comum Curricular (BNCC), ou seja, grandezas e medidas, números, probabilidade e estatística, entre outras. Nesse sentido, entendemos como *conteúdo* "tudo quanto se tem que aprender para alcançar determinados objetivos que não apenas abrangem as capacidades cognitivas, como também incluem as demais capacidades" (Zabala, 1998, p. 30).

Nessa direção, os conteúdos de Matemática precisam ser adaptados por meio de recursos diferenciados. Assim, devemos estabelecer "o maior número de meios e estratégias para atender as diferentes demandas que aparecerão no transcurso do processo de ensino/aprendizagem" (Zabala, 1998, p. 93).

Partindo dessa concepção, o planejamento prévio das aulas de Matemática para as diferentes etapas da educação básica deve ser pensado e construído previamente de acordo com o perfil do aluno da educação especial. Portanto, a aula

> é feita de prévias e planejadas escolhas de caminhos, que são diversos do ponto de vista dos métodos e técnicas de ensino; [...] também se constrói, em sua operacionalização, por percalços, que implicam correções de rota na ordem didática, bem como mudanças de rumo; [...] está sujeita a improvisos, porque não foram previstos, mas não pode constituir-se por improvisações. (Araujo, 2008, p. 60-62)

No tocante à aula de Matemática na educação especial, precisamos sempre trabalhar com planejamento prévio, sem improvisações. Para tanto, podemos contar com o plano de aula, que deverá ser adaptado em virtude da necessidade do professor de Matemática. Esse plano contempla alguns campos específicos. Por isso, a seguir, no Quadro 2.2, propomos uma simulação de plano de aula e adaptação curricular para o terceiro ano do ensino fundamental I.

Quadro 2.2 – Proposta de plano de aula

PLANEJAMENTO DE AULA – MATEMÁTICA NA EDUCAÇÃO ESPECIAL		
Componente curricular: Matemática		
Unidades temáticas BNCC (X) Números ( ) Álgebra ( ) Geometria (X) Grandezas e medidas ( ) Probabilidade e estatística		
Deficiência ou diagnóstico: ( ) Visual ( ) Auditiva (X) Intelectual ( ) Física ( ) Altas habilidades ou superdotação ( ) TGD	Ano: ( ) 1º ( ) 2º (X) 3º ( ) 4º ( ) 5º ( ) 6º	Materiais, recursos e adaptação: • 10 garrafas PET com números de 0 a 10; • areia colorida com tonalidades diversas, que poderão ser obtidas com anilina; • argolas (poderão ser cortadas de garrafas PET).
Descrição da atividade: o estudante arremessará as argolas nas garrafas PET. A atividade poderá ser realizada em equipe. Ganhará quem fizer a maior pontuação, somando os acertos das argolas nas garrafas.		
Pré-aula	Fazer com que os estudantes vivenciem o jogo em grupos e verificar quem conseguiu acertar mais argolas. É preciso pedir aos alunos para anotar os números.	
Aula	Apresentar aos estudantes os conceitos de números e a importância de conhecê-los; dar exemplos acerca da utilização dos algarismos na vida cotidiana. Com base no jogo ou na situação apresentada, indagar aos estudantes quais números eles já reconhecem, quais eles conseguem somar, se eles conhecem as cores apresentadas e qual é a importância para a vida de cada um deles.	

(continua)

(Quadro 2.2 – conclusão)

Pós-aula	Solicitar aos estudantes que somem os pontos obtidos para, em seguida, verificar quem ganhou o jogo.
Avaliação	A avaliação deverá considerar as dificuldades e as potencialidades durante a tarefa. Urge lembrar que a observação é extremamente importante para maximizar a aprendizagem do estudante com deficiência.
Observações	Colocar aqui o que achou pertinente do desenvolvimento do estudante com deficiência durante a execução da atividade.

Vamos analisar componente por componente do nosso planejamento de aula para a educação especial. Sabemos que o componente de Matemática à luz da BNCC precisa ser estabelecido por meio das unidades temáticas. Isso significa que devemos desenvolver nos alunos algumas habilidades, e no que concerne ao estudante com deficiência não seria diferente. O primeiro tópico é deixarmos claro quais são as unidades temáticas que desenvolveremos nessa aula em específico. No caso em questão, estamos trabalhando com a unidade temática de números e grandezas e medidas.

O segundo tópico do plano refere-se à deficiência que o aluno possui. Nesse tópico especificamente, além de marcar a deficiência, você poderá deixar claro quais são as maiores dificuldades desse estudante – no nosso caso, deficiência intelectual.

O terceiro tópico diz respeito ao ano em que o estudante se encontra. Essa informação é importante porque, na BNCC, para cada ano são estabelecidos habilidades e objetos do conhecimento distribuídos nas respectivas unidades temáticas e que recebem diferentes ênfases. Vale ressaltar que a BNCC apresenta como compromisso para os anos iniciais do ensino fundamental a alfabetização e o letramento matemático. Este último pode ser entendido como:

> um processo do sujeito que chega ao estudo da Matemática, visando aos conhecimentos e habilidades acerca dos sistemas notacionais da sua língua natural e da Matemática, aos conhecimentos conceituais e das operações, a adaptar-se ao raciocínio lógico-abstrativo e dedutivo, com o auxílio e por meio das práticas notacionais, como de perceber a Matemática na escrita convencionada com notabilidade para ser estudada, compreendida e construída com a aptidão desenvolvida para a sua leitura e para a sua escrita. (Machado, 2003, p. 134)

O quarto tópico busca estabelecer os materiais, os recursos e as adaptações necessárias. Nesse campo, vamos listar todos os materiais que utilizaremos durante a aula ou para a confecção de determinada atividade. Outro ponto que deve ficar explícito concerne às adaptações que precisaremos fazer para que o estudante com deficiência consiga realizar a atividade. Por exemplo, alunos com deficiência intelectual possuem dificuldades motoras, então uma argola feita de garrafa PET não poderá surtir efeito para o arremesso. Isso significa que será preciso adaptar para um material mais grosso e palpável. Logo, podemos substituir a garrafa por espaguetes de natação colados de uma ponta a outra.

No nosso plano de ensino, partiremos de uma atividade para, em seguida, problematizá-la com o estudante com deficiência. Portanto, o quinto tópico busca trabalhar com a descrição da atividade, o que denominamos *resolução de problemas*.

Adiante, temos a pré-aula, que se refere à execução da tarefa propriamente dita. Por exemplo, os estudantes partirão de uma situação-problema – no caso específico, um jogo. A aula se configura com a problematização dos conceitos matemáticos e a explicitação teórica envolvendo a tarefa inicial, ou seja, mostrar os conceitos trabalhados no jogo por meio da teoria.

Já na pós-aula, devemos trabalhar o fechamento de tudo que foi estabelecido durante a aula e, como tarefa de casa, solicitar que façam a soma de todas as pontuações para verificar qual grupo ganhou a atividade.

Por fim, temos a avaliação e a observação. A primeira busca compreender de que forma os estudantes serão avaliados nessa atividade. É importante observar que o estudante com deficiência poderá apresentar dificuldades, precisando de mais tempo para a execução da tarefa. Portanto, tal perspectiva deve ser pensada previamente. Já a observação diz respeito a questões que o professor pode anotar durante a tarefa.

Um ponto muito interessante é que, além dos conceitos matemáticos, podemos também trabalhar relações entre números e cores, tendo em vista que a areia dentro das garrafas PET poderá ser tingida com pigmento. Isso contribuirá com o aluno com deficiência intelectual, por conta da percepção visomotora, pareamento de cor etc.

2.4 A avaliação das aulas de Matemática na educação especial

Vamos iniciar este tema com a seguinte indagação: Você gosta de ser avaliado? Avaliar não é tarefa fácil, mas é necessária.

Durante muitas décadas, a avaliação foi tida como algo para punir aqueles que não conseguiam um rendimento acadêmico adequado ou esperado pelos professores e pela escola.

Mas os avanços da pedagogia, da psicopedagogia e da educação especial demonstraram que a avaliação não deve ser concebida como punitiva, e sim como um instrumento de conhecimento. Ou seja, por meio das avaliações, em suas mais diferentes formas, podemos conhecer as potencialidades e fragilidades dos estudantes, na intenção de destacar tais potencialidades e trabalhar as dificuldades, objetivando saná-las.

Nesse mesmo viés, surge então a necessidade de conceituar o que é *avaliação*. Muitos autores a definem de forma diferente, tendo em vista a multiplicidade de instrumentos e concepções existentes. Todavia, vamos adotar a concepção de Caldeira (2000, p. 122), para quem a

> avaliação escolar é um meio e não um fim em si mesma; está delimitada por uma determinada teoria e por uma determinada prática pedagógica. Ela não ocorre num vazio conceitual, mas está dimensionada por um modelo teórico de sociedade, de homem, de educação e, consequentemente, de ensino e de aprendizagem, expresso na teoria e na prática pedagógica.

Percebemos que a avaliação está calcada historicamente em mensurar. Contudo, para mensurar a aprendizagem de alguém, é preciso estabelecer parâmetros, e seria essa alternativa a mais adequada, tendo em vista que atualmente existem crianças, adolescentes e adultos que aprendem de formas diferenciadas? Ou seja, cada um tem um ritmo, uma aptidão para aprender. Por isso, será que as formas de mensurar ainda são válidas no contexto da avaliação? Afirmamos que não, pois devemos desmistificar a avaliação enquanto forma quantitativa e nos pautarmos em critérios de qualidade para avaliar um estudante.

Nesse aspecto, Gatti (2003, p. 110) corrobora nossa afirmação:

> É preciso ter presente, também, que medir é diferente de avaliar. Ao medirmos um fenômeno por intermédio de uma escala, de provas, de testes, de instrumentos calibrados ou por uma classificação ou categorização, apenas estamos levantando dados sobre uma grandeza do fenômeno. [...] Mas, a partir das medidas, para termos uma avaliação é preciso que se construa o significado dessas grandezas em relação ao que está sendo analisado quando considerado com um todo, em suas relações com outros fenômenos, suas características historicamente consideradas, o contexto de sua manifestação, dentro dos objetivos e metas definidos para o processo de avaliação, considerando os valores sociais envolvidos.

Compreendemos, assim, que avaliar é utilizar, com significado, os dados, criando informações dos nossos estudantes, entrelaçando-os com sua história e suas potencialidades, intervindo conscientemente para a diminuição de uma dificuldade de aprendizagem, um transtorno ou, até mesmo, de problemas oriundos de uma deficiência. Portanto, avaliar significa intervir no momento correto.

Até aqui, abordamos as teorias da avaliação com o intuito de utilizá-las como ferramenta a favor da aprendizagem. Nesse sentido, precisamos aplicar a avaliação no contexto da educação inclusiva nas salas de aula de Matemática. E como avaliar um estudante público-alvo da educação especial? Devemos entender que um aluno com deficiência não se distingue dos demais, mas sua avaliação deve ocorrer de forma adequada, respeitando suas potencialidades e intervindo em suas dificuldades, como já informado. Você percebe que esse é um processo contínuo? Ou seja, à medida que vamos descobrindo as dificuldades por meio da avaliação, podemos intervir pedagogicamente.

Por exemplo, vamos considerar um estudante com deficiência visual (baixa visão) que tem dificuldades em aprender os algarismos de 0 a 9. Após a avaliação, é possível detectar tal dificuldade e desenvolver, assim, estratégias metodológicas para saná-las. Depois disso, outras dificuldades poderão ser detectadas. Por essa razão, esse processo deve ser contínuo, amoroso e afetuoso. Partindo desse aspecto, temos ainda a avaliação mediada como instrumento que poderá ser utilizado com os alunos com deficiência. Nesse caso, tal avaliação

> deve ser capaz de informar o desenvolvimento atual da criança, a forma como ela enfrenta determinadas situações de aprendizagem, os recursos e o processo que faz uso em determinada atividade. Conhecer o que ela é capaz de fazer, mesmo que com a mediação de outros, permite a elaboração de estratégias de ensino próprias e adequadas a cada aluno em particular. (Oliveira, 2015, p. 78, citada por Oliveira; Pletsch; Oliveira, 2016, p. 73)

Esse instrumento poderá ser atrelado, sobretudo, às aulas de Matemática, em que o professor mediador precisará observar situações de aprendizagem e de não aprendizagem dos estudantes com deficiência, com o objetivo de conhecer a aprendizagem real acerca dos conceitos matemáticos, aprendidos e/ou não aprendidos por eles. Isto é, a avaliação nas aulas de Matemática não pode ser excludente; tem que considerar as aptidões dos alunos com deficiência por meio da utilização de diferentes instrumentos para tal. A esse respeito, Pavanello e Nogueira (2006, p. 36-37) afirmam:

> Na prática pedagógica da matemática, a avaliação tem, tradicionalmente, se centrado nos conhecimentos específicos e na contagem de erros. É uma avaliação somativa, que não só seleciona os estudantes, mas os compara entre si e os destina a um determinado lugar numérico em função das notas obtidas.

Nas aulas de Matemática, prevalecem as avaliações, as quais buscam selecionar os alunos pelos seus erros e acertos colocando-os em posições diferenciadas uns dos outros. Será que dessa forma estamos realmente avaliando com o intuito de incluir os alunos, ou de excluí-los? A resposta é clara, não é mesmo?

No tocante à aprendizagem dos alunos com deficiência e seu processo avaliativo em Matemática, para avaliar, precisamos, antes de tudo, propor situações de aprendizagem, fazer com que eles internalizem conceitos e, durante todo esse processo, avaliá-los com os mais diferentes instrumentos.

De acordo com Pavanello e Nogueira (2006, p. 37), as avaliações, assim, "passam a ter importância pedagógica, assumindo um papel profundamente construtivo, e servindo não para produzir no aluno um sentimento de fracasso mas para possibilitar-lhe um instrumento de compreensão de si próprio".

Ou seja, todo o esforço dos alunos para resolver uma tarefa deverá ser observado e utilizado como instrumento de avaliação. Logo, esta deverá ser singular, observando única e exclusivamente suas potencialidades e sua socialização, até porque a aprendizagem deve ser colaborativa.

Nesse sentido, ainda de acordo com Pavanello e Nogueira (2006), para avaliar um estudante nas aulas de Matemática, por exemplo, podemos observar o modo como ele realiza as tarefas. Isso significa observar de forma mediada quais os recursos o estudante com deficiência utiliza e se apropria para resolvê-las.

Além disso, é importante observar quais os conhecimentos prévios utilizados e já internalizados pelo estudante. Será que ele usou algum conhecimento de senso comum ou, ainda, algum conhecimento matemático apreendido em sala de aula? Também é relevante saber as linguagens utilizadas pelo aluno, tendo em vista que, em virtude das mais diferentes deficiências, ele poderá ter privação de órgãos dos sentidos ou privações físicas e psicológicas. Portanto, é essencial observar a linguagem (oral, escrita, visual, gestual) da qual o estudante fez uso para dar a resolutiva na tarefa proposta.

Assim, precisamos compreender a matemática não apenas como uma ciência exata, e sim como uma ciência humana. Isso significa que ela possui um olhar para o cotidiano.

A BNCC (Brasil, 2018), em sua primeira competência específica para as séries iniciais no ensino da Matemática, já apresenta a disciplina como um movimento que se reconhece também de forma humana:

> Reconhecer que a Matemática é uma ciência humana, fruto das necessidades e preocupações de diferentes culturas, em diferentes momentos históricos, e é uma ciência viva, que

contribui para solucionar problemas científicos e tecnológicos e para alicerçar descobertas e construções, inclusive com impactos no mundo do trabalho. (Brasil, 2018, p. 267)

Isso tudo é possível porque a matemática não se restringe a cálculos e demonstrações. Trata-se de um conhecimento organizado que busca compreender, organizar e resolver problemas da vida. Logo, precisamos demonstrar isso aos alunos com deficiência, pois a internalização consciente de conhecimentos matemáticos fará com que eles possam utilizá-los para além da sala de aula.

2.5 Os desafios do ensino da Matemática na educação especial

Toda área do saber possui desafios, e na área da matemática inclusiva não é diferente. Por isso, vamos elencá-los a seguir, a fim de que os professores que trabalham em diferentes níveis, etapas e modalidades de educação possam perceber o tamanho do compromisso que estão assumindo.

Nesse sentido, os professores que atuam com os estudantes público-alvo da educação especial devem estar atentos às demandas e peculiaridades de cada estudante. Além disso, é mister salientar que o ensino da Matemática já se configura, da parte de muitos professores, como algo que não pode ser modificado, ou seja, é visto como um ensino engessado, que envolve apenas fórmulas, números e cálculos. Contudo, sabemos que nem todas as pessoas aprendem da mesma forma. Portanto, no tocante à matemática inclusiva, precisamos desenvolver um olhar sensível às questões voltadas a cada um dos estudantes.

Por essa razão, na BNCC se fez necessária uma adequação não apenas do currículo de Matemática, mas de toda a estrutura operacional e pedagógica para o atendimento, tendo em vista que o objetivo maior era deixar o componente curricular mais atrativo, com o fito de despertar o interesse do estudante. Surgiu, então, o que chamamos de *desafios da matemática inclusiva*.

> Se é verdade que a Matemática permeia as atividades humanas, o que há de errado em seu ensino? A Matemática está presente no noticiário econômico do jornal e da TV, na música, na pintura, nas receitas culinárias e na natureza de uma forma geral. Vivemos em um mundo de números representados por toda a parte. O próprio corpo humano já confere a vivência de uma espacialidade. (Bicudo, 2005, p. 22, citado por Ternowski; Fillos, 2013, p. 5)

Vamos observar o esquema a seguir e, em seguida, discutir acerca dos desafios da matemática inclusiva.

Figura 2.1 – Desafios no ensino da Matemática na educação inclusiva

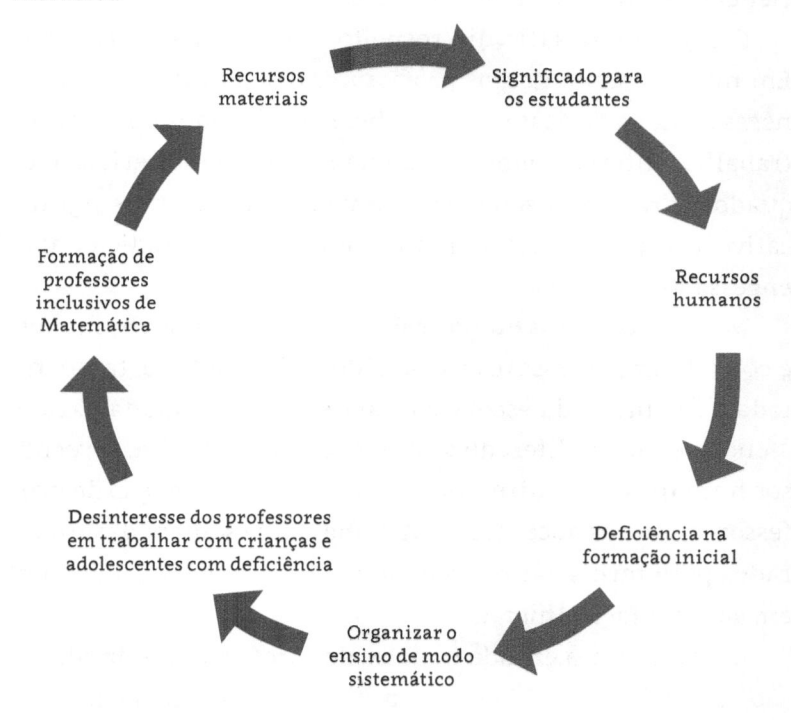

- Recursos materiais
- Significado para os estudantes
- Recursos humanos
- Deficiência na formação inicial
- Organizar o ensino de modo sistemático
- Desinteresse dos professores em trabalhar com crianças e adolescentes com deficiência
- Formação de professores inclusivos de Matemática

Debruçando-nos nessa perspectiva, podemos questionar: O que há de errado no ensino da Matemática? Surge, com esse questionamento, o primeiro desafio da matemática inclusiva: **fazer sentido para os estudantes público-alvo da educação especial**. Por isso, temos de demonstrar a eles a importância de estudar os conceitos, correlacionando-os com o cotidiano e utilizando materiais alternativos e manipulativos que fazem sentido. Por exemplo, por que não ensinar medidas de uma receita fazendo, de fato, uma receita (um bolo, uma torta etc.)?

Esse exemplo poderá ser realizado com estudantes com deficiência visual ou até mesmo intelectual.

O segundo desafio diz respeito aos **recursos materiais**. Em muitos momentos, os professores da educação especial – nesse caso, os de Matemática – ficam impedidos de realizar trabalhos diferenciados porque não possuem materiais adequados para tornar seu componente curricular mais significativo, e acabam optando por um ensino mais tradicional e engessado.

Mas, e os **recursos humanos**? Pensar em recursos humanos é considerar professores capacitados e formados e, também, toda a estrutura da escola, a qual deve ser adequada para o atendimento nos diferentes âmbitos e setores. Assim, os recursos humanos estão diretamente atrelados à formação de professores. Muitos docentes de Matemática se sentem despreparados para ministrar os conteúdos, tendo em vista a lacuna em sua formação inicial.

Dessa forma, a grande maioria dos profissionais da educação – licenciados em Matemática (séries finais e ensino médio) e profissionais licenciados em Pedagogia (educação infantil e séries iniciais) – possui, em suas grades curriculares dos cursos de formação inicial em licenciatura, uma restrita formação voltada para o trabalho com pessoas que caracterizam o público-alvo da educação especial. Entretanto, as disciplinas trazem apenas contextos históricos, e não perspectivas metodológicas inclusivas.

Outro ponto que ainda acontece em espaços escolares é o **desinteresse dos professores em trabalhar com o público-alvo da educação especial**. Os docentes das áreas de exatas e matemática ainda apresentam certa resistência. Contudo, tal resistência decorre da insegurança de trabalhar com tal alunado, da lacuna em sua formação inicial e da falta de oportunidades para se especializar e aperfeiçoar sua carreira voltada para a área da inclusão. Nessa premissa, Veiga (1998, p. 47) endossa que "os estudantes apresentam diferentes ritmos de aprendizagem e os professores estão despreparados para lidar com essas diferenças e com as limitações dos alunos".

Ainda, mais um desafio da matemática inclusiva se refere à dificuldade de **organizar o ensino de modo sistemático**, ou seja, utilizando a interdisciplinaridade. Os professores de Matemática (até mesmo aqueles que ensinam nas séries iniciais) revelam muitas dificuldades em conseguir desenvolver os conceitos e conteúdos matemáticos a partir de suas vivências e das vivências dos estudantes, tornando o ensino fragmentado. Nesse sentido, ensinar matemática na perspectiva inclusiva "significa ressignificar o papel do professor, da escola, da educação e de práticas pedagógicas que são usuais no contexto excludente do nosso ensino, em todos os níveis" (Mantoan, 2006, p. 54).

Outro desafio enfrentado pela matemática inclusiva está na dificuldade de os professores ensinarem para os estudantes os conhecimentos matemáticos construídos historicamente e culturalmente, ou seja, uma matemática voltada à educação, e não à formação de um sujeito matemático. A educação matemática preza pela singularidade, isto é, vale-se de trabalhar as diferenças, propor reflexões e colocar os estudantes em vivências, fluências e movimentos dos conceitos. Nesse aspecto "a Educação Matemática é o melhor lugar que temos, dentro desta escola disciplinar historicamente construída, para discutir a diferença, discutir estes dois processos, a exclusão pelo outro e a minha própria recusa em ser de certo modo" (Lins, 2005, p. 118).

O último desafio que citaremos se dá por meio da descoberta do **ponto de interesse do sujeito**, ou seja, descobrir do que o aluno gosta, quais são seus interesses, passatempos e divertimentos. Isso se configura como algo importante, pois devemos levar esses elementos para o ensino da Matemática, a fim de despertar maior interesse e atenção dos estudantes.

Todos esses desafios imbricam-se em um desafio maior: a mudança de paradigmas educacionais dos sistemas de ensino, que ainda se calcam em práticas extremamente tradicionais e conteúdos engessados, dificultando a utilização de um currículo significativo. Trabalhar matemática para a educação especial não se resume à utilização de massinhas de modelar, por exemplo, mas a ensinar conhecimentos e conceitos para as atividades diárias. Aprender matemática deve se tornar agradável, interessante e pertinente.

Logo, trabalhar na perspectiva inclusiva não é apenas trabalhar a matemática com crianças com deficiência; significa trabalhar com todos aqueles que possuem dificuldades, fazendo adaptações curriculares e propondo um planejamento significativo dos planos de ensino, clarificando os objetivos que precisam ser cumpridos em relação aos conceitos que serão construídos juntamente com os estudantes. Sob essa ótica, para Lorenzato (2006), é preciso conhecer a turma, seus interesses e planejar atividades que tenham significado para todos os estudantes, respeitando suas dificuldades e desenvolvendo suas potencialidades.

Síntese

Neste capítulo, apresentamos uma visão macro dos conceitos que envolvem a aquisição do conhecimento lógico-matemático, bem como outros aspectos que abrangem o planejamento das aulas de Matemática para a educação especial.

Assim, disponibilizamos um modelo de plano de aula adaptado que poderá ser modificado conforme suas necessidades. Além disso, comentamos sobre o currículo e as adaptações didáticas que ocorrem na educação especial, sobretudo no componente curricular de matemática.

Indicações culturais

CARVALHO, D. L. de. **Metodologia do ensino da Matemática.** 2. ed. São Paulo: Cortez, 1994.

> Nesse livro, o autor traz recortes específicos sobre o ensino da Matemática, como os problemas envolvidos no ensino, bem como os conteúdos a serem desenvolvidos no percurso da educação básica.

PASSOS, A. M.; PASSOS, M. M.; ARRUDA, S. de M. A educação matemática inclusiva no Brasil: uma análise baseada em artigos publicados em revistas de educação matemática. **RBECT – Revista Brasileira de Ensino de Ciência e Tecnologia**, v. 6, n. 2, maio/ago. 2013. Disponível em: <https://periodicos.utfpr.edu.br/rbect/article/view/1516>. Acesso em: 18 jul. 2021.

> Nesse texto, as autoras apresentam considerações acerca de um levantamento das publicações que envolvem a matemática inclusiva em periódicos brasileiros.

Atividades de autoavaliação

1. Qual das alternativas representa um dos desafios da matemática inclusiva?
   a) Organizar o ensino de forma sistemática.
   b) Organizar o ensino de forma fragmentada.
   c) Organizar o ensino de forma variável.
   d) Organizar o ensino de forma sequencial.

2. O que a avaliação deve ser capaz de informar?
   a) O desenvolvimento atual da criança.
   b) O desenvolvimento anterior da criança.
   c) O desenvolvimento futuro da criança.
   d) O não desenvolvimento da criança.

3. Marque a alternativa que apresenta um dos desafios da matemática inclusiva:
   a) Descoberta do ponto de interesse do sujeito.
   b) Descoberta do ponto de não interesse do sujeito.
   c) Descoberta de por que ele não aprende.
   d) Descoberta, por parte dos familiares, de que o estudante público-alvo da educação especial não consegue aprender.

4. Marque a alternativa que mostra de que forma a matemática ainda se faz presente em muitos sistemas educacionais inclusivos:
   a) Pela organização do ensino de modo sistemático.
   b) Pela organização do ensino de forma vertical.
   c) Pela organização do ensino de forma engessada.
   d) Pela organização do ensino de forma histórica.

5. Tradicionalmente, em que a prática pedagógica avaliativa da matemática tem se centrado?
   a) Em conhecimentos específicos e na contagem de erros.
   b) Na real aprendizagem da matemática.
   c) Na não aprendizagem dos conhecimentos matemáticos.
   d) No uso da matemática por meio da vivência.

Atividades de aprendizagem

Questões para reflexão

1. O que você compreende por currículo adaptado nas aulas de Matemática?

2. Como você planejaria suas aulas de Matemática no ensino fundamental I para crianças com altas habilidades?

Atividade aplicada: prática

1. Neste capítulo, analisamos o desenvolvimento do raciocínio lógico das crianças com deficiência. Portanto, agora faremos uma atividade de conservação de líquido, que trabalhará os conceitos de reversibilidade. Para tanto, você precisará de:

   - copos de tamanhos distintos;
   - água colorida.

   Você utilizará como medidor um copo que não tenha sido incluído anteriormente. Você colocará o líquido do copo medidor nos diferentes copos em momentos diferenciados e perguntará aos alunos se existe a mesma quantidade de água em todos e por quê. A partir de então, você poderá identificar se a criança está ou não desenvolvendo o raciocínio lógico.

Capítulo 3
Ensino da Matemática na educação infantil na perspectiva da educação especial

Neste capítulo, abordaremos a educação infantil como primeira etapa da educação básica, o atendimento da educação especial e o ensino da Matemática nessa fase tão importante do desenvolvimento humano.

3.1 Educação infantil: do conceito à legislação que rege a infância em diferentes períodos

Antes de passarmos à esfera da educação especial na educação infantil, precisamos recorrer aos fundamentos históricos da educação infantil no Brasil e à história da infância. Durante muitos séculos, principalmente na Idade Média, não existia a percepção da infância, ou seja, esse conceito era inexistente, sendo negado às crianças o direito de brincar e de se desenvolver.

Sabemos que as crianças, em virtude de suas condições de vida, de higiene, culturais, de criação, econômicas e de religião, distinguem-se uma das outras. Contudo, o que as aproxima em semelhança é a infância, período pelo qual todos nós passamos. Muitos autores, tendo em vista o avanço da psicologia do desenvolvimento, dividem a infância em três períodos: primeira, segunda e terceira infância, cada uma delas com uma série de características ímpares para o desenvolvimento humano.

Cada período da história construiu um tipo de criança e concepção de infância diferentes. Por exemplo, na Idade Média, conforme mencionamos anteriormente, as crianças eram tratadas como miniadultos. Logo cedo eram colocadas em uma sociedade para exercer o labor e colaborar com a gestão da casa de suas famílias, sobretudo em questões econômicas e financeiras – ou seja, havia o ingresso muito precoce desses sujeitos na sociedade.

Mesmo na contemporaneidade, podemos perceber, por retratos da Idade Média, como essas crianças eram representadas. Com o passar dos anos, entrando na modernidade e na contemporaneidade, iniciou-se uma preocupação maior com a infância, tendo em vista o aumento no índice de mortalidade infantil. No período medieval, por exemplo, as crianças acabavam falecendo por exaustão ou, ainda, por doenças virais, como gripe, por conta da falta de higiene da época.

Nesse sentido, na opinião de Corazza (2002, p. 81):

> a história da infância revela um silêncio histórico, ou seja, uma ausência de problematização sobre essa categoria, não porque as crianças não existissem, mas porque, do período da Antiguidade à Idade Moderna, "não existia este objeto discursivo a que hoje chamamos infância, nem esta figura social e cultural chamada criança".

Mesmo existindo toda essa lacuna mencionada por Corazza (2002), começou-se a entender que a criança passa por um processo de desenvolvimento. Nesse aspecto, Ariés (1981) afirma que a escola passou a ser uma das responsáveis por tutelar essas crianças e corroborar com seu desenvolvimento psicológico, motor, afetivo e cognitivo.

Com esses avanços que perpassaram os séculos até a contemporaneidade, emergiu a seguinte indagação: Quem é a criança do século XX e que se estende para o século XXI? Para elucidarmos tal conceito, vamos recorrer à Lei n. 8.069, de 13 de julho de 1990 (Brasil, 1990), mais conhecida como *Estatuto da Criança e do Adolescente* (ECA). Em seu art. 2º, a referida lei estabelece o seguinte: "Considera-se criança, para os efeitos desta Lei, a pessoa até doze anos de idade incompletos, e adolescente aquela entre doze e dezoito anos de idade" (Brasil, 1990).

Pensando por esse viés, faz-se necessário atrelar essa questão da infância aos aspectos do desenvolvimento das crianças com deficiência. Sabemos que a percepção da inexistência da infância prevaleceu durante muitos séculos. Contudo, para crianças com deficiência era um pouco diferente: nas idades Média e Antiga, as crianças nascidas com deficiência eram exterminadas, independentemente do tipo de deficiência que apresentassem. Tais perspectivas foram se modificando até alcançarem a forma como as conhecemos atualmente: uma época de inclusão, em que as escolas trabalham com a educação formal de crianças com e sem deficiência.

Em relação à aprendizagem das crianças, precisamos compreender que esse não é dever apenas da escola, mas também da família, que deve colaborar no processo de ensino-aprendizagem do aluno, proporcionando estímulos e incentivos, mostrando a importância e a significância que a educação tem para sua vida pessoal e profissional.

Nesse sentido, a Constituição Federal de 1988 afirma, em seu art. 208, inciso I, que o Estado deverá garantir "educação básica obrigatória e gratuita dos 4 (quatro) aos 17 (dezessete) anos de idade, assegurada inclusive sua oferta gratuita para todos os que a ela não tiveram acesso na idade própria" (Brasil, 1988).

Ainda, a Lei Maior assegura, no art. 24, a proteção da criança e da adolescência, ou seja, uma proteção integral da infância, o que corrobora também com os processos educativos, sendo que a própria Lei de Diretrizes e Bases da Educação (LDB) – Lei n. 9.394, de 20 de dezembro de 1996 – estabelece, em seu art 4°, o dever de o Estado garantir educação básica gratuita, oferecendo, ainda, a educação infantil gratuita às crianças de até 5 anos (Brasil, 1996).

Mas o que é a educação infantil? De acordo com a LDB, em seu art. 29, é a primeira etapa da educação básica e "tem como finalidade o desenvolvimento integral da criança de até 5 (cinco) anos, em seus aspectos físico, psicológico, intelectual e social, complementando a ação da família e da comunidade" (Brasil, 1996).

A educação infantil, portanto, possui uma organização estrutural que objetiva melhorar a gestão organizacional dessa etapa, conforme apresentado na Figura 3.1.

Figura 3.1 – Divisão etária da educação infantil

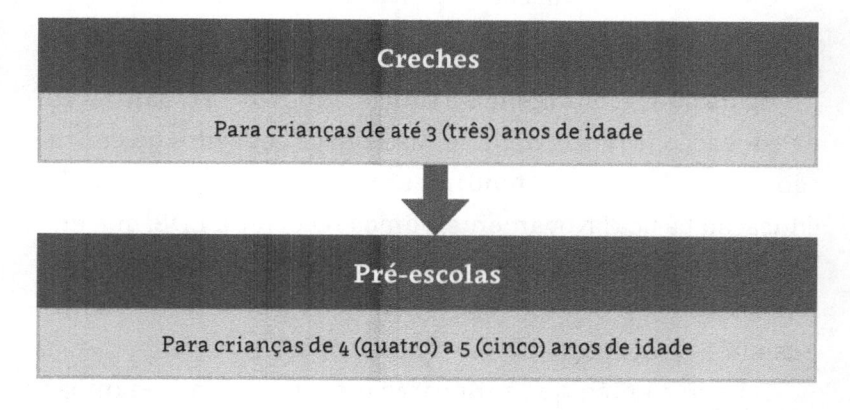

Creches
Para crianças de até 3 (três) anos de idade

▼

Pré-escolas
Para crianças de 4 (quatro) a 5 (cinco) anos de idade

Ainda nessa concepção, a LDB estabelece, em seu art. 31, que, para além da subdivisão apresentada na figura anterior, a educação infantil precisou de direcionamentos para o melhoramento dos aspectos de funcionamento, conforme se depreende da citação a seguir:

I – avaliação mediante acompanhamento e registro do desenvolvimento das crianças, sem o objetivo de promoção, mesmo para o acesso ao ensino fundamental;
II – carga horária mínima anual de 800 (oitocentas) horas, distribuída por um mínimo de 200 (duzentos) dias de trabalho educacional;
III – atendimento à criança de, no mínimo, 4 (quatro) horas diárias para o turno parcial e de 7 (sete) horas para a jornada integral;
IV – controle de frequência pela instituição de educação pré-escolar, exigida a frequência mínima de 60% (sessenta por cento) do total de horas;
V – expedição de documentação que permita atestar os processos de desenvolvimento e aprendizagem da criança. (Brasil, 1996)

Agora que já conhecemos o funcionamento e a organização da educação infantil, onde se inserem os conceitos da educação especial e de seu atendimento nessa primeira etapa da educação básica? Novamente, vamos recorrer à LDB, que em seu art. 58 menciona que a "oferta de educação especial, nos termos do *caput* deste artigo, tem início na educação infantil e estende-se ao longo da vida" (Brasil, 1996)

Sabemos, então, que a educação infantil é uma área ímpar de atuação e melhoramento do atendimento e desenvolvimento integral da criança. Nesse aspecto, precisamos entender que a escola de educação infantil precisa ser um espaço inclusivo, e não apenas de socialização e comunicação; um lugar em que o currículo seja um dos indicadores de melhoramento. Sob essa ótica, o documento *Educação infantil: saberes e práticas da inclusão – introdução*, define:

> A escola como espaço inclusivo enfrenta inúmeros desafios, conflitos e problemas que devem ser discutidos e resolvidos por toda comunidade escolar. Essas situações desafiadoras geram novos conhecimentos, novas formas de interação, de relacionamentos, modificação nos agrupamentos, na organização e adequação do espaço físico e no tempo didático, o que beneficia a todas as crianças. (Brasil, 2006c, p. 18)

Ainda considerando esse cenário, a escola de educação infantil, enquanto espaço inclusivo, precisa privilegiar o novo. A criança com deficiência, nesse espaço, estará em constante aprendizagem. Ela precisará se adaptar a novas formas de locomoção, comunicação e socialização, e por isso arranjos importantes devem ser realizados na estrutura da sala de aula inclusiva:

> A sala de aula inclusiva propõe um novo arranjo pedagógico: diferentes dinâmicas e estratégias de ensino para todos, e complementação, adaptação e suplementação curricular quando necessários. A escola, a sala de aula e as estratégias de ensino é que devem ser modificadas para que o aluno possa se desenvolver e aprender. (Brasil, 2006c, p. 18)

Sobre essa modificação, o documento *Educação infantil: saberes e práticas da inclusão – introdução* ainda propõe:

> A organização do espaço, a eliminação das barreiras arquitetônicas (escadas, depressões, falta de contraste e iluminação inadequada), mobiliários, a seleção dos materiais, as

adaptações nos brinquedos e jogos são instrumentos fundamentais para a prática educativa inclusiva com qualquer criança pequena. Eles se tornam condições essenciais e prioritárias na educação e no processo de inclusão de crianças com necessidades educacionais especiais. (Brasil, 2006c, p. 18)

Logo, quando falamos da inclusão de crianças com deficiência na educação infantil, estamos nos referindo a um dos principais momentos de desenvolvimento dessa crianças. E nós, enquanto professores, precisamos estabelecer um processo de mediação da aprendizagem, além de mediar os aspectos familiares, afetivos e cognitivos imbricados nesse processo.

No tocante ao ensino da Matemática, ou, ainda, do raciocínio lógico-matemático na educação infantil, podemos utilizar o próprio espaço e sua organização como pontos de partida para o ensino dos conceitos matemáticos. Por exemplo, quando vamos dispor as carteiras em círculos, podemos aproveitar o momento para conceituar e apresentar formas geométricas – o que vale aqui é a imaginação e o início da construção de conceito.

Na sequência, explanaremos conceitos específicos acerca de materiais que podem ser utilizados para o trabalho matemático na educação infantil.

3.2 Materiais alternativos e manipulativos para o ensino da Matemática na educação especial

Na educação especial e, por consequência, nos processos de ensinar e aprender, precisamos compreender que o sujeito é quem aprende e saber quais são os materiais necessários para fazer com que ele atinja o aprendizado. Para isso, é necessário separar, analisar, validar e testar materiais didáticos com os mais diversos alunos com deficiência na educação infantil. Sabemos que na educação infantil ainda não se ensina a calcular, escrever e ler, mas se prepara o sujeito para, quando chegar o momento certo, conseguir realizar essas atividades sem qualquer empecilho. Ou seja, os materiais que precisam ser utilizados devem desenvolver no estudante habilidades que possam contribuir para o seu pleno desenvolvimento humano em seus aspectos físicos, cognitivos e psicossociais.

Nesse sentido, antes de abordarmos os materiais manipulativos, precisamos definir o que são *materiais didáticos*. De acordo com Bandeira (2009, p. 14): "O material didático pode ser definido amplamente como produtos pedagógicos utilizados na educação e, especificamente, como o material instrucional que se elabora com finalidade didática". Em outras palavras, trata-se de tudo aquilo que dá suporte ao processo de aprendizagem do sujeito com ou sem deficiência.

Para tanto, ainda na concepção de Bandeira (2009, p. 15), "a definição de material didático vincula-se ao tipo de suporte que possibilita materializar o conteúdo. Assim, o material didático, conjunto de textos, imagens e de recursos, ao ser concebido com a finalidade educativa, implica na escolha de um suporte, impresso ou audiovisual". Para o ensino de Matemática na educação especial na educação infantil, o material didático possui a mesma finalidade: materializar o conteúdo com o intuito de formalizar e efetivar adequadamente a aprendizagem dos estudantes com deficiência, transtornos globais do desenvolvimento e altas habilidades ou superdotação.

Assim, o ensino da Matemática na educação infantil poderá se materializar em jogos, materiais impressos, figuras, filmes com adaptação em libras ou com audiodescrição e, também, em materiais que objetivem a manipulação, os quais buscam trabalhar a perspectiva da experiência com o estudante, levando à modificação do estado do conhecimento para um estado maior.

Por exemplo, o trabalho com argila ou massinha de modelar permite, sobretudo, o desenvolvimento do movimento e da motricidade das mãos, objetivando melhorar e facilitar a aprendizagem da escrita quando esse momento chegar.

Figura 3.2 – Crianças manipulando massa de modelar

fizkes/Shutterstock

Na figura, vemos duas crianças manipulando massa de modelar. Esse tipo de material na educação infantil poderá colaborar com a aprendizagem de seriação, de quantidade de massa, volume... Ou seja, por meio deles, podemos ensinar conceitos matemáticos específicos para os sujeitos que estão em aprendizagem.

Nesse sentido, o que são, então, os materiais manipuláveis? Antes de respondermos a essa pergunta, vamos nos reportar às dificuldades enfrentadas em relação ao ensino de matemática e o desenvolvimento do raciocínio lógico-matemático pelas crianças logo na educação infantil. Temos de compreender que essa etapa da educação é a base para as próximas, portanto, precisamos estimular as crianças para que gostem desse componente curricular. Sarmento (2010, p. 3) afirma que o manuseio dos materiais concretos permite que o aluno da educação infantil tenha

> experiências físicas à medida que este tem contato direto com os materiais, ora realizando medições, ora descrevendo, ou comparando com outro de mesma natureza. [...] permiti-lhe também experiências lógicas por meio das diferentes formas de representação que possibilitam abstrações empíricas e abstrações reflexivas, podendo evoluir para generalizações mais complexas.

Sob essa ótica, os professores da educação infantil, especialmente aqueles que trabalham com crianças com deficiência, devem desenvolver atividades de matemática e de raciocínio lógico de forma

> lúdica e educativa, intencionalmente planejada, com objetivos claros, sujeita a regras construídas coletivamente, que oportuniza a interação com os conhecimentos e os conceitos matemáticos, social e culturalmente produzidos, o estabelecimento de relações lógicas e numéricas e a habilidade

de construir estratégias para a resolução de problemas. (Agranionih; Smaniotto, 2002, p. 16)

Além disso, precisamos nos calcar em materiais concretos, com o intuito de trabalhar a experiência do estudante com deficiência, fazendo com que o ensino seja significativo e internalizado em estruturas cognitivas e no consciente. Dessa forma, no uso dos materiais manipulativos,

> os alunos estarão se comunicando sobre matemática quando as atividades propostas a eles forem oportunidades para representar conceitos de diferentes formas e para discutir como as diferentes representações refletem o mesmo conceito. Por todas essas características das atividades com materiais, o trabalho em grupo é elemento essencial na prática de ensino com o uso de materiais manipulativos. (Smole; Diniz, 2016, p. 13)

Utilizando materiais manipulativos com crianças da educação especial, não estaremos promovendo apenas a compreensão de conceitos por meio da experiência e do concreto, mas também trabalhando e fazendo interface com as concepções de sociabilização da criança com deficiência. Ainda na concepção de Sarmento (citado por Schulthais; Pereira, 2014), a utilização dos materiais manipuláveis possibilita diferentes concepções e vantagens para os alunos com ou sem deficiência, como:

- propiciar um ambiente favorável à aprendizagem, pois desperta a curiosidade dos alunos;
- promover o desenvolvimento da percepção dos alunos por meio da interação realizada com colegas e o professor;

- contribuir com a descoberta (ou redescoberta) das relações matemáticas subjacentes em cada material;
- oferecer um sentido para o ensino da Matemática, pois o conteúdo passa a ter um significado especial;
- facilitar a internalização das relações percebidas.

É importante compreender também que somente o uso dos materiais não resultará em resultados eficientes e eficazes. É necessário ter uma intencionalidade por trás do uso destes, principalmente em relação à criança com deficiência. Na visão de Smole (1996, p. 173), um material pode ser "utilizado tanto porque a partir dele podemos desenvolver novos tópicos ou ideias matemáticas quanto para dar oportunidade ao aluno de aplicar conhecimentos que ele já possui num outro contexto, mais complexo ou desafiador".

Nesse sentido, os materiais manipulativos devem ser utilizados como forma de materializar a compreensão e os conteúdos da matemática na educação infantil, por meio de jogos, brincadeiras e situações de aprendizagem.

Vamos abordar os blocos lógicos como o primeiro material manipulativo no ensino da Matemática na educação infantil, focando na educação especial. Os blocos lógicos são um material desenvolvido pelo matemático Zoltan Dienes, na década de 1950, com o objetivo de fazer com que as crianças a partir da educação infantil pudessem desenvolver o pensamento lógico.

Esse material busca trabalhar conceitos geométricos, de encaixe, cores, formas, tamanhos e espessuras. Por ser manipulativo, pode servir para intervenção com crianças com baixa visão, no sentido de trabalhar tamanhos e melhoria da motricidade e do tato. Já quando utilizado com crianças com deficiência intelectual, pode melhorar o trabalho com o movimento, objetivando até mesmo colaborar com a aprendizagem da escrita.

A utilização de sólidos geométricos também pode ser aplicada na educação infantil nessa interface com a educação especial. Podemos utilizá-los tanto para a montagem e a manipulação como para a apresentação de seus nomes aos alunos.

O próprio uso do quebra-cabeça, para as crianças com ou sem deficiência, pode desenvolver, por meio do lúdico, conceitos matemáticos de planejamento.

As crianças na educação infantil, sobretudo as com deficiência visual e intelectual, poderão melhorar seu raciocínio lógico-matemático com o uso do quebra-cabeças. No caso da criança com baixa visão, o interessante é que as peças dos quebra-cabeças sejam construídas em tamanhos maiores, objetivando melhorar o desempeno desse aluno no jogo.

São inúmeros os materiais manipulativos que podem ser utilizados na educação infantil, mas é importante estabelecer uma relação entre os conceitos da matemática e a criança que está em desenvolvimento, principalmente aquelas com as mais diferentes deficiências.

O uso do material manipulativo pelas crianças com deficiência lhes oportunizará uma experiência de aprendizagem diferenciada da tradicional. Sabemos que, por vezes, a aprendizagem da Matemática se torna cansativa; contudo, mediante esses jogos e materiais, a aprendizagem dos alunos com deficiência se tornará mais significativa e efetiva.

3.3 Deficiência visual: conceitos matemáticos na educação infantil

Falar sobre deficiência visual não é tarefa fácil, principalmente porque se trata da privação de um dos órgãos dos sentidos. Para tanto, respeitadas as diferenciações no processo de aprendizagem dos estudantes com essa deficiência, abordaremos a deficiência visual em seus aspectos gerais, sobretudo focando no ensino da Matemática.

Em tempos distantes – por exemplo, na Idade Média –, as pessoas com deficiência visual foram exterminadas, e em séculos posteriores, encaradas como pessoas que poderiam prever o futuro. Ou seja, os deficientes visuais foram castigados, exterminados, demonizados e divinizados, mas, graças aos avanços da medicina, eles passaram a ser vistos atualmente apenas como pessoas com deficiência. Conforme demonstra Roma (2018, p. 2),

> parte da Antiguidade até o início da Idade Moderna caracteriza-se como um período místico no que se refere à cegueira, uma vez que se acreditava que esta era uma desgraça. Na Antiguidade o Egito era conhecido como o país dos cegos, tamanho o número de pessoas com essa deficiência. Várias referências às doenças dos olhos e à cegueira foram encontradas em papiros e a popularidade dos médicos que cuidavam das pessoas dessa região era alta. Na China era comum aos moradores do deserto serem cegos e como alternativa para ganharem a vida, a música era um meio e para tanto eles, que precisavam exercitar o ouvido e a memória. No processo cultural da antiga sociedade a rejeição era contemplada e o

sacrifício de pessoas cegas era comum, pois as mesmas eram consideradas inúteis para o trabalho e não atendiam às exigências sociais daquela época; desta forma o infanticídio de crianças que nasciam cegas era comum, assim também como o abandono dos que haviam perdido a visão na idade adulta, que ficavam entregues à própria sorte. Em Atenas e Esparta, as crianças com deficiência eram abandonadas nas montanhas, enquanto que na Roma Antiga elas eram jogadas nos rios.

Foram tempos árduos para as pessoas cegas até chegamos à inclusão.

A deficiência visual é dividida em dois segmentos: cegueira e baixa visão. De acordo com o Decreto n. 5.296, de 2 de dezembro de 2004 (Brasil, 2004), a cegueira significa que a acuidade visual é igual ou menor que 0,05 no melhor olho, com a melhor correção óptica; e a baixa visão, acuidade visual entre 0,3 e 0,05 no melhor olho, com a melhor correção óptica.

Ainda por essa premissa, existem concepções distintas entre a cegueira e a baixa visão. Nesse sentido, a Fundação Dorina Nowill para Cegos (2021) afirma:

> A deficiência visual é definida como a perda total ou parcial, congênita ou adquirida, da visão. O nível de acuidade visual pode variar, o que determina dois grupos de deficiência: Cegueira – há perda total da visão ou pouquíssima capacidade de enxergar, o que leva a pessoa a necessitar do Sistema Braille como meio de leitura e escrita. Baixa visão ou visão subnormal – caracteriza-se pelo comprometimento do funcionamento visual dos olhos, mesmo após tratamento ou correção. As pessoas com baixa visão podem ler textos impressos ampliados ou com uso de recursos óticos especiais.

Na grande maioria dos casos vistos nas escolas, os alunos apresentam baixa visão – cegueira parcial. A definição de baixa visão (ambliopia, visão subnormal ou visão residual) é complexa devido à variedade e à intensidade de comprometimentos das funções visuais. Sendo assim, engloba desde a simples percepção de luz até a redução da acuidade e do campo visual que interfere ou limita a execução de tarefas e o desempenho geral. Em muitos casos, observa-se o nistagmo, movimento rápido e involuntário dos olhos, que causa redução da acuidade visual e fadiga durante a leitura (por exemplo, o albinismo).

Importante!

"O albinismo é um distúrbio de natureza genética em que há redução ou ausência congênita do pigmento melanina. O principal tipo de albinismo é o oculocutâneo (OCA), caracterizado pela ausência total ou parcial de pigmento" (Rocha; Moreira, 2007, p. 25).

O albinismo é um dos casos em que mais acontece perda de visão ou, ainda, o acometimento de baixa visão.

Chegamos, enfim, ao momento de verificar algumas estratégias pedagógicas para o ensino da Matemática para pessoas com deficiência visual.

Na educação infantil, não temos o intuito de ensinar as quatro operações básicas para a criança, mas sim contribuir com a aprendizagem de habilidades preditoras da aprendizagem da Matemática, fortalecendo o desenvolvimento do raciocínio lógico. Sabemos que o estudante possui falta da visão, portanto, temos de estimulá-lo a usar os sentidos remanescentes. Mas como podemos colaborar com essa premissa?

O objetivo da Matemática na educação infantil, focando na educação especial e de crianças com deficiência visual, é

desenvolver o raciocínio da criança propondo atividade sem que ela seja levada a interagir com objetos concretos e, com base nessa interação, gradualmente vá construindo o seu conhecimento. Assim como a linguagem escrita, a matemática também está apoiada na teoria construtivista. Não se pretende apenas ensinar a criança, mas também oferecer estímulos e recursos para que ela, aos poucos, vá construindo seu conhecimento matemático, o qual, como qualquer outro tipo de conhecimento, se dá de dentro para fora. (Brasil, 2004b, p. 37)

Primeiramente, para pensar em atividades de Matemática que envolvam jogos, materiais, corridas, saltos, entre outras, precisamos considerar que, para todas as atividades desenvolvidas para a criança com deficiência visual, ela precisará de tempos maiores para a execução, tendo em vista que terá de se organizar no tempo e no espaço. Então, vamos apresentar algumas sugestões que podem ser trabalhadas com pessoas com deficiência na educação infantil, tendo a ciência de que precisaremos utilizar, sobretudo, os sentidos remanescentes para o processo.

Para tanto, antes de avançarmos às concepções de algumas estratégias e adaptações, precisamos apresentar o que deve ser desenvolvido nas crianças com deficiência visual com suas respectivas adaptações, conforme consta no Quadro 3.1, a seguir. Observe as atividades que podem ser trabalhadas para o desenvolvimento do raciocínio lógico.

Quadro 3.1 – Proposta de atividades para o desenvolvimento do raciocínio lógico

Classificação	• Exploração e descrição de similaridades, diferenças e características dos objetos. • Distinção e descrição de formas. • Classificação e emparelhamento de objetos. • Uso e descrição de algum objeto de várias formas.
Seriação	• Comparação de atributos (grande e pequeno, pesado e leve etc.). • Arranjo de objetos, um após o outro, em uma série ou em padrões, e descrição dessas relações (bloco azul–bloco vermelho azul–vermelho etc.). • Troca de um arranjo de objetos ordenados por outro tipo de objeto por meio de tentativa e erro (trocar uma série de copos em três tamanhos diferentes por uma série de bonecas também em três tamanhos diferentes).
Números	• Contagem de objetos. • Arranjo de dois conjuntos de objetos fazendo correspondência um a um. • Comparação de dois conjuntos de objetos para determinar qual tem mais, menos, ou o mesmo número.
Espaço	• Preenchimento e esvaziamento de recipientes. • Arranjo de objetos juntos e separados. • Mudança da forma e arranjo dos objetos (embrulhar, torcer, esticar, empilhar, guardar dentro de uma caixa etc.). • Observação de pessoas, lugares e coisas de diferentes pontos de vista espaciais. • Experimentação e descrição de posições, direções e distâncias no parquinho, na escola e na vizinhança. • Interpretação de relações espaciais em desenhos, figuras e fotografias.
Tempo	• Início e fim de uma ação em resposta a um sinal combinado. • Experimentação e descrição de velocidades diferentes de movimento. • Experimentação e comparação de intervalos de tempo. • Antecipação, memorização e descrição de sequências de eventos.

Fonte: Elaborado com base em Brasil, 2004c.

Quando trabalhamos com classificação e seriação de objetos, podemos explorar texturas ou cheiros, objetivando estimular a criança. Quanto ao trabalho com números, podemos utilizar objetos da vivência do estudante, mas precisamos lembrar dos contrastes das cores e dos tamanhos das fontes utilizadas, do conceito de espaço etc. Nesse sentido, temos de estabelecer, primeiramente, a segurança da criança e, em seguida, ir trabalhando aos poucos a autonomia, a questão da distância ou, ainda, a exploração de fotografias. Mas lembre-se de que, ao recorrer a fotografias, elas devem ser grandes, no mínimo em folha A3. Também podem ser usadas gravuras que tenham texturas ou imagens 3D, com cores contrastantes.

Agora, vamos apresentar algumas estratégias e alguns recursos que podemos utilizar também na educação infantil.

A primeira sugestão é o soroban (Figura 3.3). "Na pré-escola, poderá ser utilizado para conceito de quantidade, contar em sequência, comparar e relacionar quantidades e para dominar as operações elementares" (Brasil, 2006b, p. 52), de uma forma lúdica e divertida, como um material manipulável. O interessante de se iniciar o manuseio logo na educação infantil se dá em virtude de esse material acompanhar o aluno durante os ensinos fundamental e médio.

Figura 3.3 – Criança brincando com soroban

PNUMETAL/Shutterstock

O soroban busca trabalhar, sobretudo, o manuseio, a sequência e o pareamento de cores, de forma lúdica e divertida. As crianças com deficiência visual têm menos oportunidades de desenvolver as habilidades matemáticas em virtude da ausência ou da redução do sentido da visão. Portanto, apresentam problemas no desenvolvimento de questões relativas a noções de geometria, quantidade e números etc.

Os recursos para matemática mais utilizados na educação infantil, inclusive os jogos de percurso, trilha, dama, dados, dominós, bingos, desde que adaptados, são excelentes para as crianças com deficiência visual, necessitando apenas de pequenas adaptações. Os jogos e materiais destinados a construções, seriações, classificações, estabelecimentos de relações, levantamento de hipóteses e raciocínio lógico como: blocos lógicos, material dourado, cuisinaire, tangram, ábaco e outros adaptados para crianças cegas poderão ser utilizados com sucesso por todas as crianças. (Brasil, 2006a, p. 55)

Por exemplo, quando falamos sobre comparações com o uso de dados, estes podem ser adaptados com os pontos em alto-relevo, para estimular o uso do tato. Devemos aproveitar esse recurso para promover melhorias na aprendizagem dos alunos da educação infantil.

Outra estratégia é trabalhar com cubos de montar (Figura 3.4), objetivando desenvolver habilidades motoras, as quais estão diretamente ligadas com as questões do planejamento das atividades e do raciocínio lógico, mesmo porque a criança precisará pensar, refletir e, sobretudo, manusear as peças. Lembre-se de que é necessário, com crianças com baixa visão, trabalhar com cores contrastantes e mais escuras. A criança na pré-escola terá dificuldades, pois está desenvolvendo seu raciocínio lógico. Contudo, o importante é a experiência, o brincar e o manusear para colaborar na criação dos conceitos matemáticos.

Figura 3.4 – Cubo para montar

Temos inúmeras estratégias para se trabalhar a matemática – por exemplo, o dominó de texturas. Em vez de utilizarmos pontos que indicam números, podemos usar texturas distintas, com o objetivo também de trabalhar conceitos matemáticos como estratégia, identificação e sequenciamento e, ainda, estimular o tato da criança com deficiência visual.

Outra estratégia que podemos utilizar são os sólidos geométricos, com o intuito de trabalhar conceitos geométricos de forma lúdica. Contudo, devemos lembrar que precisamos adaptar a atividade. Por exemplo, dê um sólido geométrico à criança utilizando entonações rítmicas e musicais ou, ainda, fazendo paródias e cantando. Depois, verifique com a criança exemplos do dia a dia que possuem formatos similares, como quadrado, triângulo, entre outros.

Nesse mesmo sentido, podemos utilizar, para trabalhar geometria, diferentes formatos de diversos objetos. Com o apoio de texturas, demonstramos aos alunos cegos, por meio do tato, e ensinamos geometria na educação especial.

O último conceito que podemos trabalhar se refere à orientação espacial. Devemos compreender que crianças na educação infantil que possuem cegueira ou baixa visão precisam se locomover – conceitos de perto, longe, em cima, embaixo. Portanto, devemos construir esses conceitos também de forma adaptada, utilizando objetos, fazendo visitas guiadas e assim por diante. Tais conceitos farão com que a criança internalize-os, colaborando, posteriormente, com o desenvolvimento do pensamento lógico-matemático.

São inúmeras as estratégias a que podemos recorrer para colaborar com o desenvolvimento do pensamento e do raciocínio matemático na educação infantil. Apresentamos aqui algumas das mais usadas, mas tudo dependerá da criatividade do professor que busca ensinar esses conceitos.

3.4 Deficiência intelectual: conceitos matemáticos na educação infantil

Durante muitos anos, a deficiência intelectual foi tida como adoecimento mental. Sua própria nomenclatura era *deficiência mental*, e não *deficiência intelectual*. Já na contemporaneidade, adota-se a nomenclatura *deficiência intelectual*, pois foi percebido que o adoecimento mental tinha mais relação com doenças psiquiátricas e com a saúde mental do que com a diminuição e o atraso no desenvolvimento de processos cognitivos. Nesse aspecto, "a deficiência intelectual não é considerada uma doença ou um transtorno psiquiátrico, e sim um ou mais fatores que causam prejuízo das funções cognitivas que acompanham o desenvolvimento diferente do cérebro" (Honora; Frizanco, 2008, p. 103).

Temos, então, o primeiro conceito de deficiência intelectual, mais conhecida como **DI**. O que ocorre é que, em décadas passadas, a deficiência intelectual era medida por meio do coeficiente de inteligência (Q.I.) – deficiência leve, moderada, severa ou profunda. Todavia, essa realidade foi se modificando, tendo em vista que a inteligência não é o único fator a ser verificado para diagnosticar a deficiência intelectual. Assim, passou-se a adotar um sistema baseado na intensidade dos apoios necessários à vida da pessoa com deficiência intelectual. Considerando os aspectos do diagnóstico da deficiência intelectual, precisamos nos apoiar em uma junta de profissionais multidisciplinares que verificarão questões sociais, biomédicas, cognitivas e comportamentais.

> O diagnóstico da deficiência mental está a cargo de médicos e psicólogos clínicos, realizando-se em consultórios, hospitais, centros de reabilitação e clínicas. Equipes interdisciplinares de instituições educacionais também o realizam. De um modo geral, a demanda atende a propósitos educacionais, ocupacionais, profissionais e de intervenção. (Carvalho; Maciel, 2003, p. 148)

Já sabemos que o diagnóstico precisa ser multiprofissional. Agora, avançaremos para um aspecto importante, que é o sistema de suporte/apoio. Conforme mencionado anteriormente, durante muitas décadas a deficiência intelectual foi vista como uma doença que não poderia ser curada. Porém, com o avanço dos estudos da neuropsicologia, entendeu-se que não se tratava de uma doença, e sim de uma condição, e que a vida da pessoa nessa condição poderia ser melhorada e estimulada por meio do sistema de suporte/apoio. Assim, foram definidos quatro níveis de suporte/apoio:

Apoio intermitente

O apoio é oferecido conforme as necessidades do indivíduo. É caracterizado de natureza episódica, pois a pessoa nem sempre necessita de apoio. O apoio geralmente se faz necessário por períodos curtos durante transições ao longo da vida, como, por exemplo, perda do emprego ou uma crise médica aguda. O apoio intermitente pode ser de alta ou baixa intensidade.

Apoio limitado
A intensidade de apoio é caracterizada por consistência ao longo do tempo. O tempo é limitado, mas não de natureza intermitente, podendo exigir poucos membros do staff e de custo menor, se comparado com outros níveis de apoio mais intensivos. São exemplos desse tipo de apoio o treinamento para o emprego no mercado competitivo por um tempo limitado ou o apoio na transição da vida escolar para a vida adulta.

Apoio amplo
O apoio amplo é caracterizado pelo apoio regular (por exemplo, apoio diário) em pelo menos alguns ambientes (por exemplo, no trabalho, na escola) e não por tempo limitado (por exemplo, apoio permanente nas atividades de vida diária).

Apoio permanente
Apoio caracterizado pela constância e alta intensidade. É oferecido nos ambientes onde a pessoa vive e é de natureza vital para sustentação da vida do indivíduo. O apoio permanente tipicamente envolve mais membros do staff e é mais intensivo que o apoio por tempo limitado ou apoio amplo em ambientes específicos. (São Paulo, 2012, p. 56-57, grifo do original)

Agora que conceituamos as questões da deficiência intelectual, vamos pensar como ocorre o trabalho com alunos com essa deficiência na educação infantil, principalmente no ensino da Matemática. Precisamos compreender que os alunos podem aprender matemática mesmo possuindo deficiência intelectual, o que vai demandar uma mediação psicopedagógica mais acentuada e o desenvolvimento de um sistema de suporte/apoio para colaborar no entendimento dos conceitos.

Nesse sentido, o que ocorre em diversos momentos é uma acentuada variação nas capacidades cognitivas, em que

> alguns alunos com deficiência intelectual podem apresentar dificuldades na aprendizagem de conceitos abstratos, em focar a atenção, na capacidade de memorização e resolução de problemas, na generalização. Podem atingir os mesmos objetivos escolares que alunos considerados "normais", porém, em alguns casos, com um ritmo mais lento. (Tédde, 2012, p. 28)

Na construção de conceitos abstratos na educação infantil, principalmente no contexto da Matemática, a criança com deficiência intelectual, ao receber novas informações ou, ainda, ao aprender algo novo, não consegue, por meio da imaginação ou do pensamento, desenvolver uma resolução para determinados problemas propostos nas aulas de Matemática, por exemplo.

Diante desse cenário, é importante compreendermos que a matemática precisa ser atrelada ao contexto, à realidade, à vida do indivíduo, para que seja possível estimular o pensamento abstrato dos alunos com DI.

Por exemplo, observe a Figura 3.5 e, em seguida, vamos discutir como ela pode promover o estímulo à abstração dos estudantes da educação infantil com deficiência intelectual.

Figura 3.5 – Desenvolvimento de abstração

COMPLETE A FIGURA

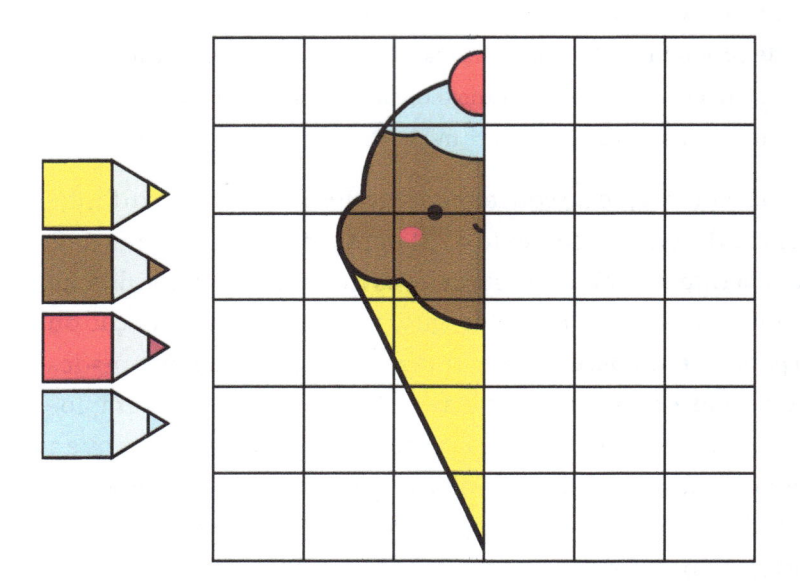

ksuklein/Shutterstock

    Uma criança com deficiência intelectual terá dificuldades em imaginar e compreender a outra metade do desenho, ou seja, terá dificuldades de abstrair. Portanto, essa atividade de completar a imagem pode ser um grande estímulo para desenvolvermos e mediarmos o pensamento abstrato, bem como os conceitos de simetria na educação infantil.

    Para finalizar, neste tópico conversamos um pouco acerca da DI, assim como de conceitos matemáticos que podemos e devemos trabalhar com a criança com deficiência intelectual na educação infantil. Contudo, conforme apontam Honora e

Frizanco (2008), não existem receitas prontas para trabalharmos com essas crianças. Por isso, precisamos compreender que cada aluno possui suas subjetividades e individualidades, isto é, cada um revelará suas potencialidades e suas dificuldades. E nós, enquanto professores, precisamos considerar as vivências e as experiências dos alunos com DI em nosso planejamento, sobretudo nas aulas que envolvem conceitos matemáticos.

3.5 Altas habilidades ou superdotação: conceitos matemáticos na educação infantil

Desde muito pequenas, as crianças costumam apresentar interesses específicos e peculiares por determinados assuntos. Algumas demonstram aspectos motores mais habilidosos; outras apresentam questões voltadas para um pensamento e raciocínio lógico mais acelerado. Isso não necessariamente significa que um aluno possui altas habilidades ou superdotação, contudo, trata-se de um indício para uma possível observação.

A partir de agora, iniciaremos as discussões acerca das altas habilidades ou superdotação, ou seja, alunos matematicamente habilidosos. Provavelmente você já ouviu falar nas expressões *altas habilidades* ou *superdotação*, mas você sabe realmente o que elas significam?

Primeiramente, temos de compreender que essa habilidade avançada pode ser oriunda de estimulação familiar. Entre as características mais comumente encontradas em crianças superdotadas em idade pré-escolar, destacam-se:

- Alto grau de curiosidade
- Boa memória
- Atenção concentrada
- Persistência
- Independência e autonomia
- Interesse por áreas e tópicos diversos
- Aprendizagem rápida
- Criatividade e imaginação
- Iniciativa
- Liderança
- Vocabulário avançado para a sua idade cronológica
- Riqueza de expressão verbal (elaboração e fluência de ideias)
- Habilidade para considerar pontos de vistas de outras pessoas
- Facilidade de interagir com crianças mais velhas ou com adultos
- Habilidade para lidar com ideias abstratas
- Habilidade para perceber discrepâncias entre ideias e pontos de vista
- Interesse por livros e outras fontes de conhecimento
- Alto nível de energia
- Preferência por situações/objetos novos
- Senso de humor
- Originalidade para resolver problemas. (Brasil, 2006a, p. 20)

Nesse sentido, consideram-se altas habilidades os "comportamentos observados e/ou relatados que confirmam a expressão de 'traços consistentemente superiores' em relação a uma média (por exemplo: idade, produção, ou série escolar) em qualquer campo do fazer ou saber" (Brasil, 1995, p. 13).

Isto é, uma criança matematicamente habilidosa na educação infantil é aquela que apresentará um avanço consideravelmente observável em comparação às demais crianças com idades semelhantes e na mesma classe. Portanto, os professores que atenderem uma criança matematicamente habilidosa precisarão traçar estratégias pedagógicas para dar conta de motivá-la educacionalmente.

Existem vários tipos de altas habilidades ou superdotação, como talentos especiais, intelectuais, sociais, criativos e acadêmicos. O aluno matematicamente habilidoso geralmente é identificado como acadêmico ou, ainda, como uma junção de acadêmico com outra das características citadas. Ou seja, as altas habilidades ou superdotação acadêmicas dizem respeito aos alunos que apresentam características peculiares em determinada área do conhecimento.

De acordo com Monteiro (2016), alunos com habilidades em matemática possuem uma qualidade superior e diversidade no processo de pensamento de forma analítica e espacial, isto é, conseguem pensar de forma simultânea em várias coisas, em vez de pensar sequencialmente e resolver situações de forma sequencial. Assim, o raciocínio torna-se mais rápido e eficaz.

Na educação infantil, já conseguimos observar essa diferenciação no pensamento quanto a questões lógicas, abstrações, questões analíticas, entre outros aspectos – conceitos de suma importância para a aprendizagem da Matemática. Logo, tais alunos apresentam qualidade e diversidade maiores nesses processos.

Portanto, ao pensarmos em alunos com altas habilidades em Matemática na educação infantil, precisamos compreender que nível de habilidade esses sujeitos possuem, a fim de desenvolvermos estratégias eficazes para um possível enriquecimento curricular. A esse respeito, para conseguirmos compreender e avaliar tais alunos, devemos observar e desenvolver "atividades com diferentes produtos finais, de modo que as necessidades individuais possam ser atendidas" (Brasil, 2006a, p. 20). Assim, se o estudante, já domina atividades espaciais – por exemplo, os blocos lógicos –, podemos modificar e dificultar um pouco mais as atividades ou, ainda, utilizar diferentes formatos de atividades, nas quais o conceito principal esteja atrelado à matemática. Mas, no final, deve-se estimular que o aluno produza desenhos, gravuras, colagens etc.

Crianças com habilidades lógico-matemáticas e espaciais pensam raciocinando, fazendo correlações com tempo e espaço. Elas sempre questionam, experimentam, gostam de planejar, desenhar, rabiscar e precisam de "coisas para explorar e pensar, materiais científicos, manipulativos, visitas ao planetário e ao museu de ciências" (Virgolim, 2007, p. 55).

Outro aspecto que podemos utilizar como estratégia diz respeito à resolução de problemas – que também se configura como conceito matemático –, que pode e deve ser aplicada a altas habilidades. Isso significa que precisamos envolver os estudantes em atividades de resoluções de problemas "que os levem a transferir os objetivos de aprendizagem a situações em que a criatividade e outras habilidades superiores de pensamento (por exemplo, análise, avaliação, síntese) sejam empregadas" (Brasil, 2006a, p. 20).

Por exemplo, quando desenvolvemos uma caça ao tesouro com nossos estudantes, estamos trabalhando com a resolução de problemas, tendo em vista que iremos incentivar e estimular o pensamento lógico, a criatividade, o raciocínio de análise etc.

Por fim, neste tópico, verificamos algumas estratégias que podemos considerar para o trabalho com alunos que possuem altas habilidades ou superdotação na educação infantil. Compreendemos alguns exemplos que podem ser aplicados, mas deixamos claro que não existem respostas prontas para o trabalho pedagógico e psicopedagógico com essas crianças. Por isso, precisamos nos envolver, estudar e avaliar toda a conjuntura da situação e da habilidade que o aluno apresenta.

Síntese

Neste capítulo, vimos que a educação infantil contribui para o desenvolvimento pleno do estudante dessa faixa etária. Nesse sentido, precisamos atentar, sobretudo, aos aspectos de desenvolvimentos humano que acontecem com esses alunos, bem como à promoção e à oportunidade de sempre estarmos estimulando tais sujeitos.

À medida que o capítulo foi se desenvolvendo, fomos apresentando conceitos importantes relacionados à deficiência, ou seja, como se trabalhar a Matemática na educação infantil focando a deficiência visual, intelectual e também os alunos com habilidades ou superdotação.

Indicações culturais

ABERKANE, F. C.; BERDONNEAU, C. **O ensino da matemática na educação infantil**. Porto Alegre: Artes Médicas, 1997.

Esse livro apresenta atividades estratégias pedagógicas de como se trabalhar a matemática na educação infantil. Por exemplo: de que forma desenvolver o raciocínio lógico nas crianças, atividades com números etc.

SMOLE, K. S.; DINIZ, M. I. (Org.). **Materiais manipulativos para o ensino das quatro operações básicas**. Porto Alegre: Penso, 2016.

Nesse livro, as autoras trazem aspectos relativos ao ensino da Matemática com base em materiais manipulativos, com exemplos e práticas que os professores podem adaptar para a educação especial.

Atividades de autoavaliação

1. De que forma é dividida a educação infantil?
   a) Creches e pré-escola.
   b) Escolas infantis e ensino fundamental.
   c) Pré-escolas e escolas especiais.
   d) Creches e escolas de ensino secundário.

2. De que maneira deverá ocorrer a avaliação na educação infantil?
   a) Mediante acompanhamento e registro do desenvolvimento das crianças.
   b) Mediante aplicação de provas e testes.

c) Mediante a atribuição de notas.
d) Mediante a cobrança excessiva de deveres de casa.

3. O que deverá propor uma sala de aula na educação infantil inclusiva?
   a) Um novo arranjo pedagógico: diferentes dinâmicas e estratégias de ensino para todos.
   b) Um arranjo padrão, em que os alunos estejam enfileirados adequadamente, respeitando a hierarquia docente.
   c) Um arranjo que favoreça apenas as pessoas que não possuem deficiência física.
   d) Um arranjo que proponha estratégias de atendimento apenas para os alunos sem deficiência.

4. O que a organização do espaço escolar deverá proporcionar aos alunos com deficiência?
   a) Eliminação de barreiras.
   b) Empecilhos arquitetônicos.
   c) Empecilhos comunicacionais.
   d) Empecilhos informacionais.

5. Marque a alternativa que contemple corretamente uma das vantagens da utilização dos materiais manipuláveis pelas crianças com deficiência na educação infantil:
   a) Propiciar um ambiente favorável à aprendizagem, pois desperta a curiosidade dos alunos.
   b) Propiciar um ambiente desfavorável à aprendizagem, pois não desperta a curiosidade dos alunos.
   c) Propiciar um ambiente favorável à aprendizagem apenas da Matemática, pois desperta a curiosidade dos alunos.

d) Propiciar um ambiente favorável à aprendizagem apenas da Língua Portuguesa, pois desperta a curiosidade dos alunos.

Atividades de aprendizagem

Questões para reflexão

1. O que você entende por matemática inclusiva aplicada à educação infantil?
2. Qual é a contribuição da Matemática para o desenvolvimento da criança com deficiência?

Atividade aplicada: prática

1. Neste capítulo, apresentamos possibilidades de ensino da Matemática por meio de materiais manipulativos. Por isso, vamos usar a criatividade para construir uma calculadora com materiais alternativos, ou seja, com aquilo que temos em casa ou na escola, a fim de colaborar com o ensino das crianças com deficiência. É interessante fazer os alunos ajudarem na construção.

Sugestões de materiais que poderão ser usados:

- cartolina, ou papelão em formato retangular (em tamanho grande, principalmente em se tratando de crianças com deficiência visual);
- tampinhas de garrafa;
- cola;
- tesoura;
- papel sulfite.

Pinte de branco as tampinhas de garrafa e, com um pincel, desenhe os algarismos de 0 a 9, bem como os sinais das quatro operações básicas e o sinal de igual. Lembre-se de que, para crianças com deficiência visual, precisamos estabelecer o contraste, ou seja, evitar cores muito claras.

A partir desse momento, com o enroscar e o desenroscar das tampinhas, o aluno com deficiência visual ou até mesmo com outras deficiências poderá interagir com o material manipulativo.

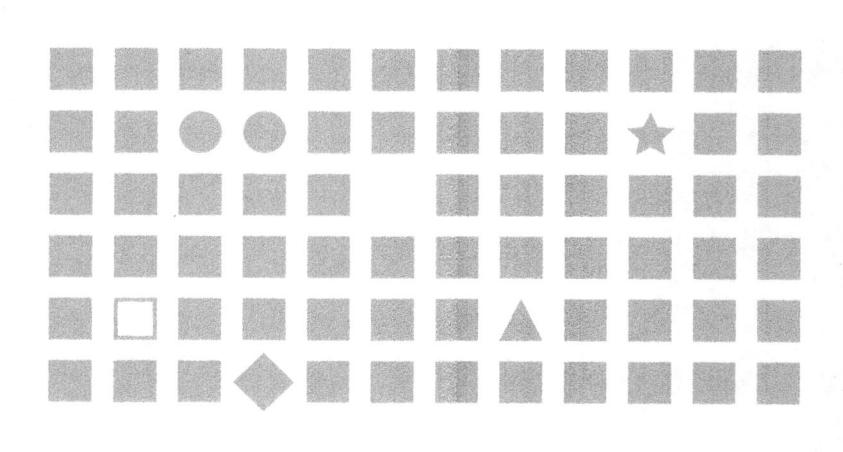

Capítulo 4
Ensino da Matemática no ensino fundamental na perspectiva da educação especial

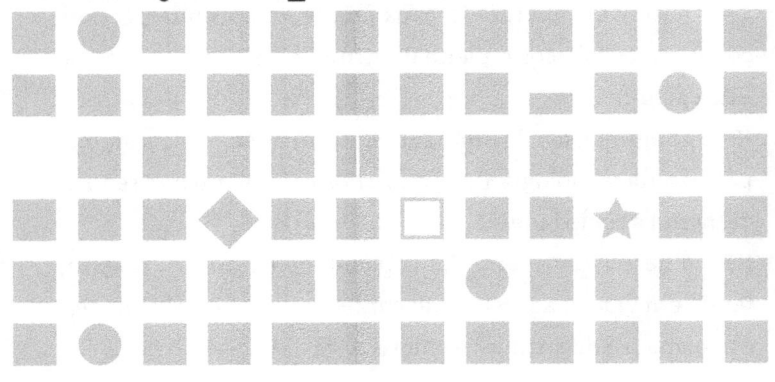

Neste capítulo, analisaremos o contexto do ensino de Matemática nas séries iniciais e finais do ensino fundamental, bem como a formação dos professores para essa etapa e alguns materiais didáticos que podem ser utilizados.

4.1 Ensino da Matemática nos anos iniciais: as lentes da educação especial

Antes de avançarmos às concepções teóricas e metodológicas do ensino da Matemática nas séries iniciais do ensino fundamental, vamos recorrer à legislação para elucidarmos do que se trata essa etapa tão importante da vida do estudante.

A Lei de Diretrizes e Bases da Educação Nacional (LDB) – Lei n. 9.394, de 20 de dezembro de 1996 (Brasil, 1996) –, em seu art. 32, estabelece que o ensino fundamental é obrigatório e possui uma duração de nove anos. Contudo, neste tópico, abordaremos apenas as séries iniciais, que se estendem até o quinto ano. Além disso, a LDB, propõe que o ensino fundamental deverá garantir a formação básica do cidadão mediante:

> I – o desenvolvimento da capacidade de aprender, tendo como meios básicos o pleno domínio da leitura, da escrita e do cálculo;
>
> II – a compreensão do ambiente natural e social, do sistema político, da tecnologia, das artes e dos valores em que se fundamenta a sociedade;
>
> III – o desenvolvimento da capacidade de aprendizagem, tendo em vista a aquisição de conhecimentos e habilidades e a formação de atitudes e valores;

IV – o fortalecimento dos vínculos de família, dos laços de solidariedade humana e de tolerância recíproca em que se assenta a vida social. (Brasil, 1996)

Pensando por essa ótica, vamos observar o que diz o inciso I, o qual estabelece que o sujeito precisa aprender conhecimentos relativos ao domínio do cálculo e à formação básica da cidadania. Dessa forma, quando nos referimos ao cálculo, significa dizer que o sujeito precisa conhecer os fatos e artefatos matemáticos para o exercício pleno de uma cidadania, ou seja, utilizar os conhecimentos da matemática para a vida cotidiana.

O professor das séries iniciais que ensina Matemática deve conhecer a história da matemática para, assim, conseguir demonstrar aos estudantes a importância desse conhecimento. Além da história da disciplina, é mandatório que conheça as práticas, as técnicas e os métodos para conseguir estimular o desenvolvimento do pensamento lógico-matemático. Nesse sentido, vamos recorrer aos Parâmetros Curriculares Nacionais (PCN) para apresentar a importância da matemática nas séries iniciais:

> é importante, que a Matemática desempenhe, equilibrada e indissociavelmente, seu papel na formação de capacidades intelectuais, na estruturação do pensamento, na agilização do raciocínio dedutivo do aluno, na sua aplicação a problemas, situações da vida cotidiana e atividades do mundo do trabalho e no apoio à construção de conhecimentos em outras áreas curriculares. (Brasil, 1997, p. 25)

Nessa perspectiva, conseguimos perceber que a Matemática precisa estar atrelada a uma relação de transferência entre professor e estudante, sobretudo quanto a mostrar os significados das coisas, mudando estruturas cognitivas. Portanto: "O educador matemático deve ser capaz de fazer interagir, os diferentes campos da Matemática, de forma articulada com atividades e experiências matemáticas que serão desenvolvidas pelos alunos do Ensino Fundamental" (Silva, 2021, p. 5).

Ainda por essa premissa, é necessária a compreensão de que a Matemática nas séries iniciais precisa estar atrelada ao significado do dia a dia dos estudantes, objetivando o desenvolvimento de vários aspectos cognitivos em relação à disciplina, como questões lógicas, de raciocínio e de pensamento algébrico. Assim, a Matemática deve:

- fazer observações sistemáticas de aspectos quantitativos e qualitativos da realidade do ponto de vista do conhecimento e estabelecer o maior número possível de relações entre eles, utilizando o conhecimento matemático (aritmético, geométrico, métrico, algébrico, estatístico, combinatório, probabilístico); selecionar, organizar e produzir informações relevantes, para interpretá-las e avaliá-las criticamente;
- resolver situações-problema, sabendo validar estratégias e resultados, desenvolvendo formas de raciocínio e processos, como dedução, indução, intuição, analogia, estimativa, e utilizando conceitos e procedimentos matemáticos, bem como os instrumentos tecnológicos disponíveis;
- comunicar-se matematicamente, ou seja, descrever, representar e apresentar resultados com precisão e argumentar sobre suas conjecturas, fazendo uso da linguagem oral e

estabelecendo relações entre ela e diferentes representações matemáticas; [...]
- sentir-se seguro da própria capacidade de construir conhecimentos matemáticos, desenvolvendo a autoestima e a perseverança na busca de soluções;
- interagir com seus pares de forma cooperativa, trabalhando coletivamente na busca de soluções para problemas propostos, identificando aspectos consensuais ou não na discussão de um assunto, respeitando o modo de pensar dos colegas e aprendendo com eles. (Brasil, 1997, p. 37)

Nas séries iniciais para alunos com deficiência, a matemática tem um papel fundamental de reconhecer as diferenças entre os sujeitos, utilizando, sobretudo, as tendências matemáticas para a exploração das tarefas, tendo em vista que o papel que ela desempenha dentro da sala de aula é de extrema importância para o estudante com deficiência. "É necessário o apoio da sala de recursos, de professores especializados, de médicos e outros profissionais que venham a ajudar no processo de desenvolvimento do estudante" (Dias, 2017, p. 22).

Pensando no papel do professor que ensina nas séries iniciais do ensino fundamental, precisamos ainda compreender a própria tecnologia enquanto aliada do processo de alfabetização e letramento matemático, uma vez que ela poderá colaborar com os mais diversos aparatos e artefatos. Como exemplo, poderemos utilizar jogos adaptados com estimulação sonora e/ou visual, ou seja, a tecnologia como incentivadora e motivadora. Nesse cenário, o professor trabalhará com toda a mediação do processo e o movimento de transformação.

Considerando como a tecnologia pode corroborar o processo de adaptação da matemática, a Base Nacional Comum Curricular (BNCC) apresenta as unidades temáticas de aprendizagem que precisam ser trabalhadas nas séries iniciais (Brasil, 2018):

- **Números**: os estudantes precisam estabelecer o conhecimento de contagem (ascendente e descendente), quantificação, leitura, escrita, comparação de números, construção de fatos básicos de adição, subtração, sequência, entre outros.
- **Álgebra, padrões de figuras e números**: investigação de regularidades ou padrões em sequências.
- **Geometria**: localização de objetos, reconhecimento de objetos, formas e pessoas no espaço.
- **Grandezas e medidas**: medidas de tempo, comprimento, largura, entre outras.
- **Probabilidade e estatística**: leitura, interpretação, conhecimento de tabelas, gráficos, entre outros.

Nesse sentido, os conteúdos vão se desdobrando e ganhando novas nuances à medida que o sujeito vai avançando de ano na escola. A BNCC estabelece essas unidades temáticas e os parâmetros que o estudante precisa dominar nas séries iniciais. Portanto, tais conhecimentos, habilidades e atitudes também se estendem aos estudantes com deficiência nas aulas de Matemática, tendo em vista a garantia da equidade, da educação e da efetiva aprendizagem.

Além disso, a matemática, principalmente no tocante à educação especial, precisa estimular a cooperação e o desenvolvimento das habilidades sociais. Temos de desmistificar a matemática apenas como uma ciência exata. Ela é também uma ciência humana que precisa de nós para se fazer, estabelecer, desenvolver e colaborar com as questões cotidianas. Isso significa que ela faz um letramento desses sujeitos, e, de acordo com a BNCC (Brasil, 2018, p. 266), é a matemática que "assegura aos alunos reconhecer que os conhecimentos matemáticos são fundamentais para a compreensão e a atuação no mundo".

4.2 Ensino da Matemática nos anos finais: as lentes da educação especial

O ensino da Matemática nos anos finais, por um lado, tem sido criticado pela complexidade que vai surgindo no decorrer do tempo. Por outro lado, também tem sido objeto de reflexão para que seu aprendizado ocorra de forma diferenciada. Diante isso, foram desenvolvidas diversas tendências que representam alternativas diferentes ao ensino tradicional, cheio de procedimentos e algoritmos que, por vezes, não fazem nenhum sentido para o estudante; mais ainda quando provas como vestibulares e o Enem (Exame Nacional do Ensino Médio) cobram dos alunos respostas a questões contextualizadas nas quais devem fazer uso da matemática.

Como sabemos, o ensino da Matemática começou a ser foco de estudo para os matemáticos há 100 anos, e consideramos que esse cenário se deu a partir das dificuldades que se apresentavam na aprendizagem dessa disciplina. Acredita-se que a matemática é uma das áreas mais difíceis do sistema educativo, e essa percepção permeia todos os níveis da educação, sendo que nos anos finais as etapas são mais complexas. Isso porque, além dos novos conteúdos que estão sendo aprendidos nessa fase, supõe-se que os estudantes possuem conteúdos prévios que os auxiliem no estudo das novas ideias. Mas esse fato nem sempre acontece, causando problemas ao estudante no decorrer dos anos letivos.

Por conta dessa dificuldade, diversas tendências da educação matemática surgiram, como as metodologias de ensino, que nos permitem organizar o ensino de forma mais didática para o estudante, com o intuito de apresentar a aplicabilidade da disciplina em diversas situações. Tais tendências podem se suportar em diversos materiais e ferramentas que, ao terem seu uso planejado, podem representar formas diferenciadas de ensino. Um desses insumos são os livros didáticos, que, com o passar dos anos, têm sido organizados de tal forma que transcendam seu uso tradicional e proponham formas de como utilizar as diferentes tendências para o ensino da Matemática nos anos finais.

Um estudo desenvolvido por Richit e Alberti (2017) apresenta uma análise realizada em livros didáticos sobre as diferentes tendências utilizadas para o ensino da Matemática nos anos finais do ensino fundamental. Entre as tendências identificadas estão tecnologias digitais, jogos, materiais didáticos, resolução de problemas, etnomatemática, interdisciplinaridade, contextualização e pedagogia de projetos. Segundo as autoras, essas evidências nos convidam a refletir sobre como o ensino-aprendizagem da Matemática vem se modificando no decorrer dos anos. Podemos dizer, também, que isso é produto do desenvolvimento de trabalhos de professores e pesquisadores que se dedicam a refletir sobre o assunto e compartilham suas ideias em diferentes formas de divulgação.

Com base nessas reflexões, na medida em que o estudante vai passando pelos diferentes anos do sistema educativo, ele deve ir ganhando mais autonomia e independência diante de um determinado problema. Essa perspectiva também está direcionada para o ensino da Matemática no contexto da educação especial. Assim como no ensino comum, no ensino especial é importante utilizar as diferentes metodologias que existem para isso, mas orientando-se às necessidades dos estudantes, já que se trata de um elemento relevante que deve ser considerado no momento de ensinar.

A esse respeito, a primeira metodologia que deve ser considerada é a comunicação constante entre os professores encarregados do ensino do estudante com necessidades especiais. Nos anos finais, procura-se promover uma comunicação entre o professor de Matemática e os de outras disciplinas, para tornar seu ensino interdisciplinar e diferenciado. Nesse mesmo contexto, para a educação especial, também deve acontecer a comunicação.

Existem instituições que contam com uma sala de recursos direcionada à promoção de diversos materiais didáticos, com o intuito de serem utilizados para o ensino de determinado conteúdo. Diante dessa alternativa, é importante que o professor de Matemática se organize com o professor encarregado da sala de recursos, a fim de que as atividades que precisam ser desenvolvidas pelo estudante com necessidades especiais possam ser proveitosas para ele e o levem a atingir uma aprendizagem que garanta a autonomia e a independência.

A matemática, com o decorrer do tempo, foi se tornando mais complexa para qualquer estudante, e, no caso da educação especial, esse assunto se torna mais complexo ainda.

Quando estamos no contexto dos anos finais, os estudantes já possuem uma estrutura cognitiva e social que foi definida conforme suas experiências nos anos iniciais. Por essa razão, é necessário que se formem equipes de trabalho que possam ser organizadas de tal forma que as experiências obtidas se tornem alternativas para elaborar o ensino de forma diferenciada.

No entanto, essa forma diferente não significa que deve ser mais fácil ou com menos qualidade. Pelo contrário, deve ser um ensino que permita ao aluno se aproximar dos conceitos matemáticos a fim de que estes lhe sejam úteis para seu desenvolvimento como um ser que, além de cognitivo, é social e cultural.

Nessa ótica, os anos finais do ensino da Matemática têm grande relevância para o desenvolvimento da sociedade, já que, nesse momento, os estudantes devem possuir um letramento matemático de qualidade, tanto no ensino comum como no especial, tendo desenvolvido as seguintes capacidades:

- pensar matematicamente diante de situações que sejam necessárias;
- raciocinar de forma lógica e estrutural quando precise resolver algum problema;
- comunicar o que está acontecendo e como pode ser resolvido;
- representar as formas possíveis à solução do problema;
- justificar o porquê do que está acontecendo com o problema.

Dessa forma, a Matemática pode, como já afirmamos,

> favorecer o estabelecimento de conjecturas, a formulação e a resolução de problemas em uma variedade de contextos, utilizando conceitos, procedimentos, fatos e ferramentas

matemáticas. É também o letramento matemático que assegura aos alunos reconhecer que os conhecimentos matemáticos são fundamentais para a compreensão e a atuação no mundo e perceber o caráter de jogo intelectual da matemática, como aspecto que favorece o desenvolvimento do raciocínio lógico e crítico, estimula a investigação e pode ser prazeroso (fruição). (Brasil, 2018, p. 266)

Para o final do ensino fundamental, segundo a BNCC, espera-se que os estudantes tenham adquirido as seguintes competências:

1. Reconhecer que a Matemática é uma ciência humana, fruto das necessidades e preocupações de diferentes culturas, em diferentes momentos históricos, e é uma ciência viva, que contribui para solucionar problemas científicos e tecnológicos e para alicerçar descobertas e construções, inclusive com impactos no mundo do trabalho.
2. Desenvolver o raciocínio lógico, o espírito de investigação e a capacidade de produzir argumentos convincentes, recorrendo aos conhecimentos matemáticos para compreender e atuar no mundo.
3. Compreender as relações entre conceitos e procedimentos dos diferentes campos da Matemática (Aritmética, Álgebra, Geometria, Estatística e Probabilidade) e de outras áreas do conhecimento, sentindo segurança quanto à própria capacidade de construir e aplicar conhecimentos matemáticos, desenvolvendo a autoestima e a perseverança na busca de soluções.
4. Fazer observações sistemáticas de aspectos quantitativos e qualitativos presentes nas práticas sociais e culturais,

de modo a investigar, organizar, representar e comunicar informações relevantes, para interpretá-las e avaliá-las crítica e eticamente, produzindo argumentos convincentes.

5. Utilizar processos e ferramentas matemáticas, inclusive tecnologias digitais disponíveis, para modelar e resolver problemas cotidianos, sociais e de outras áreas de conhecimento, validando estratégias e resultados.

6. Enfrentar situações-problema em múltiplos contextos, incluindo-se situações imaginadas, não diretamente relacionadas com o aspecto prático- utilitário, expressar suas respostas e sintetizar conclusões, utilizando diferentes registros e linguagens (gráficos, tabelas, esquemas, além de texto escrito na língua materna e outras linguagens para descrever algoritmos, como fluxogramas, e dados).

7. Desenvolver e/ou discutir projetos que abordem, sobretudo, questões de urgência social, com base em princípios éticos, democráticos, sustentáveis e solidários, valorizando a diversidade de opiniões de indivíduos e de grupos sociais, sem preconceitos de qualquer natureza.

8. Interagir com seus pares de forma cooperativa, trabalhando coletivamente no planejamento e desenvolvimento de pesquisas para responder a questionamentos e na busca de soluções para problemas, de modo a identificar aspectos consensuais ou não na discussão de uma determinada questão, respeitando o modo de pensar dos colegas e aprendendo com eles. (Brasil, 2018, p. 267)

Como professores, devemos promover essas competências nos estudantes com necessidades especiais. Para isso, precisamos conhecer as diferentes possibilidades com as quais contamos e como estas podem ser aplicadas com os alunos. Por essa razão, nos seguintes tópicos, abordaremos os materiais didáticos que podem ser usados tanto nos anos iniciais como nos finais, bem como versaremos a respeito da formação de professores que ensinam Matemática no ensino fundamental no contexto da educação especial.

4.3 Materiais didáticos para o ensino da Matemática nos anos iniciais

Por materiais didáticos compreendemos todos os recursos digitais ou analógicos utilizados para o melhoramento do ensino nas diferentes etapas, níveis e modalidades da educação básica. No tocante a isso, vamos abordar os materiais didáticos para o ensino da Matemática nas séries iniciais, sejam eles digitais ou analógicos. Sobre os materiais didáticos, nesse aspecto,

> é preciso destacar, são objetos culturais elaborados, fabricados, distribuídos e consumidos por diferentes sujeitos – educadores como autores intelectuais, editores, gráficos, ilustradores, técnicos diversos em suas especialidades artísticas e domínios tecnológicos, empresários, funcionários governamentais ou de instituições particulares, agentes culturais, além dos próprios alunos e professores. (Bittencourt, 2006, p. 4)

Pensando por essa ótica, os materiais didáticos são instrumentos de apoio teórico, pedagógico, cultural e metodológico que permitem aos estudantes com deficiência realizar as atividades no componente curricular de Matemática, além de efetivar sua aprendizagem.

Nesse sentido, a própria organização pedagógica da sala de aula, dos espaços, do currículo e das atividades se configura como materiais didáticos que o professor de Matemática precisa considerar nas séries iniciais.

Assim, como suporte ao ensino da Matemática nas séries iniciais, propomos algumas conceituações e sugestões. Isso significa que todas as adaptações precisam ser realizadas em consonância com a deficiência de cada estudante.

Por exemplo, na visão de Cerqueira e Ferreira (2021), os materiais didáticos nas séries iniciais precisam considerar algumas características ou, ainda, arquiteturas, conforme exposto na Figura 4.1, a seguir.

Figura 4.1 – Características/arquiteturas dos materiais didáticos para o ensino fundamental

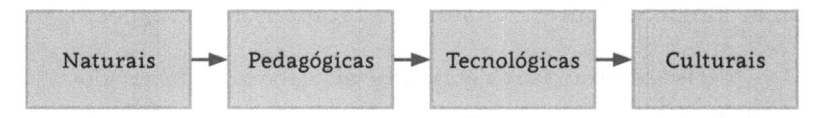

Naturais → Pedagógicas → Tecnológicas → Culturais

Fonte: Elaborado com base em Cerqueira; Ferreira, 2021.

Com relação à arquitetura natural, podemos utilizar aspectos do meio ambiente para o ensino e o letramento matemático. Por exemplo, água, animais, pedras e areia para ensinar quantidade, conservação e números de forma sensorial, utilizando o tato dos estudantes.

Ainda na perspectiva dos autores, temos a arquitetura pedagógica, que abrange quadro negro, gravuras, cartazes e maquetes. Tais elementos também podem ser utilizados com os estudantes com deficiência para ensinar as habilidades matemáticas e estimular o raciocínio lógico, conforme proposto pela BNCC (Brasil, 2018). Por exemplo, podemos utilizar maquetes para ensinar largura e altura, elementos que estão presentes na unidade temática de grandezas e medidas e geometria. Podemos até mesmo utilizar aspectos da linguagem braille para a identificação dos espaços da maquete.

Outra proposta é a tecnológica. Atualmente, contamos com diferentes *softwares* e jogos para o ensino da Matemática, os quais chamam muita atenção dos estudantes. Além disso, podemos trabalhar com sistemas aumentativos para crianças com deficiência visual ou, ainda, sistemas de comunicação alternativa para estudantes com deficiência intelectual. O aluno, nas aulas de Matemática, precisa, sobretudo, visualizar o que está sendo escrito na lousa. Mas o computador também pode ser utilizado nessa perspectiva, além de infinitos jogos matemáticos e de recursos de pesquisa constantes na internet.

Os meios culturais também podem ser usados no ensino da Matemática. Eles sobretudo causam um grande impacto e significação nas aulas da disciplina – por exemplo, museus, bibliotecas públicas e exposições. Como exemplo, podemos atrelar a arquitetura tecnológica a aspectos culturais e fazer uma visita virtual a museus no Egito – momento em que podemos trabalhar a geometria com os alunos. Isso enriquecerá o currículo dos estudantes, sobretudo daqueles que possuem altas habilidades e superdotação e precisam ter seus currículos escolares enriquecidos.

Para os estudantes com as mais diferentes deficiências nas séries iniciais, existem grandes desafios para a introdução de materiais didáticos e recursos adaptados. A própria aceitação é, por si só, um desafio. O aluno com deficiência apresenta resistência em utilizar, por exemplo, lupas, sistemas aumentativos e comunicativos.

Temos de pensar, ainda, nos aspectos de manuseio dos materiais didáticos e, principalmente, na intencionalidade. Nessa ótica, o professor precisa saber qual é o objetivo matemático que deve ser alcançando por meio da utilização de determinado material didático.

Ainda como exemplos de materiais didáticos, podemos citar: dominó de números em alto-relevo; brincadeiras musicais do ensino de números ou do ensino de fórmulas de maneira cantada com os estudantes; dominó de figuras geométricas coloridas para estudantes com deficiência intelectual; dominós de numerais em relevo; quebra-cabeça de cubos, entre tantas outras atividades e materiais.

Independente dos materiais didáticos utilizados para o ensino da Matemática na educação especial, precisamos compreender que tudo perpassa pela sensibilidade dos professores que ensinam a disciplina. Dessa forma, o professor precisa promover a necessidade da matemática escolar associada ao desenvolvimento de um motivo no indivíduo para aprender (Moura et al., 2010).

4.4 Materiais didáticos para o ensino da Matemática nos anos finais do ensino fundamental

Os materiais didáticos para o ensino da Matemática, assim como nos anos iniciais, são grande importância, já que tanto materiais virtuais como analógicos podem favorecer o desenvolvimento do pensamento lógico, crítico e criativo dos estudantes, contanto que seu uso seja planejado. A questão do planejamento no uso dos materiais didáticos é fundamental, pois, sem uma estrutura orientada, pode representar mais um obstáculo epistemológico. Portanto, sua utilização deve ser bem planejada e, assim, promover atividades interessantes e criativas para os alunos, porque, embora o aluno nos anos finais tenha mais idade, ele ainda precisa de estímulos que lhe ajudem a se interessar pelos conceitos apresentados.

Esse panorama também surge na educação especial, mas demanda maior atenção, já que o uso do material didático pode favorecer consideravelmente o aprendizado dos estudantes com alguma deficiência. O aluno de educação especial, bem como o do ensino comum, precisa de ferramentas que facilitem o aprimoramento dos conceitos matemáticos.

Quando o estudante vai avançando de série, percebemos que o uso de materiais didático vai se perdendo no caminho, tornando a matemática mais abstrata. Dessa forma, devemos tentar resgatar o uso desses materiais nos anos finais do ensino fundamental, já que, para os estudantes dessas séries, eles ainda são relevantes. Mesmo assim, consideramos que materiais didáticos em toda a educação básica são fundamentais para o desenvolvimento das crianças e adolescentes, permitindo a promoção de:

- uma aprendizagem diferenciada que facilite o aprimoramento dos conceitos a partir de situações vivenciadas;
- o trabalho colaborativo, organizado, participativo, crítico e reflexivo dos estudantes, já que estarão experimentando a matemática de uma forma aplicada e que possa ser aprendida mediante o trabalho coletivo com os colegas;
- o desenvolvimento no que se refere ao estímulo dos sentidos, à promoção da criatividade e ao compartilhamento social;
- uma aprendizagem colaborativa, com intercâmbio de ideias, tolerância, respeito e compreensão das diferenças que podem existir entre os colegas;
- o desenvolvimento do pensamento lógico do estudante, ao estar diante de uma situação-problema na qual deve usar certos materiais para sua resolução;
- o aprimoramento nas capacidades de análise das situações que precisam ser revolvidas;
- o desenvolvimento de sua confiança e autonomia, já que o estudante tem que tomar as decisões que o levarão à resolução do problema.

Nesse cenário, consideramos que o uso de um material didático deve possibilitar o desenvolvimento de situações de ensino-aprendizagem que sejam de interesse para os estudantes, com o intuito de facilitar o aprimoramento dos conceitos matemáticos pela ação com tais materiais. Consequentemente, a atitude do aluno perante a matemática pode melhorar significativamente, pois as experiências com essa disciplina ocorrem de forma diferenciada e aplicada.

Para o caso da educação especial, já comentamos que o uso dos materiais didáticos se torna mais relevante porque os estudantes apresentam certas condições que demandam dos professores um ensino apoiado nesses materiais. Diante disso, apresentaremos algumas propostas dos possíveis materiais que podem ser utilizados na área da matemática. Para isso, vamos nos apoiar na BNCC (Brasil, 2018), que nos orienta em relação a cada unidade temática da Matemática nos anos finais do ensino fundamental.

Segundo a BNCC, como já informamos anteriormente, as unidades temáticas que devem ser abordadas no ensino fundamental são:

- Álgebra.
- Geometria.
- Grandezas e medidas.
- Probabilidade e estatística.

No caso da álgebra, nos anos finais devem ser aprofundadas as ideias trabalhadas nos anos iniciais. Assim, é mandatório levar os estudantes a:

> Compreender os diferentes significados das variáveis numéricas em uma expressão, estabelecer uma generalização de uma propriedade, investigar a regularidade de uma sequência numérica, indicar um valor desconhecido em uma sentença algébrica e estabelecer a variação entre duas grandezas. É necessário, portanto, que os alunos estabeleçam conexões entre variável e função e entre incógnita

e equação. As técnicas de resolução de equações e inequações, inclusive no plano cartesiano, devem ser desenvolvidas como uma maneira de representar e resolver determinados tipos de problema, e não como objetos de estudo em si mesmos. (Brasil, 2018, p. 270-271)

Assim, materiais didáticos virtuais são importantes para serem utilizados com estudantes cujas deficiências não limitem a possibilidade de interagir com o recurso virtual. No caso de alunos com cegueira, tais materiais devem ser manipuláveis, a fim de que eles possam vivenciar o conceito e compreender o que está sendo estudado. A vantagem dos materiais didáticos virtuais reside no fato de que existem repositórios que contêm uma grande diversidade de recursos para diferentes temas da álgebra. Um exemplo disso é o repositório GeoGebra (2021), do qual podem ser descarregados materiais didáticos para o ensino da álgebra.

Devido à versatilidade do *software*, ele permite representar um conceito de diferentes formas, o que lhe outorga vantagens para o ensino da Matemática, já que, quanto mais representações se pode ter do objeto matemático, mais podemos nos aproximar de seu conceito. Sendo assim, nos anos finais do ensino fundamental, na unidade temática de geometria, os alunos já começam a realizar vínculos entre os aspectos geométrico e algébrico, o que pode ser atingido mediante o uso de materiais educacionais elaborados com o *software* GeoGebra (2021) e que se encontram disponíveis de forma gratuita.

No caso do ensino de grandezas e medidas nos anos finais, espera-se que os alunos reconheçam comprimento, área, volume e abertura de ângulo como grandezas associadas a figuras geométricas e que consigam resolver problemas envolvendo essas grandezas com o uso de unidades de medida padronizadas mais usuais. Além disso, espera-se que estabeleçam e utilizem relações entre essas grandezas e entre elas e grandezas não geométricas, para estudar grandezas derivadas como densidade, velocidade, energia, potência, entre outras. (Brasil, 2018, p. 273)

Portanto, sugerimos que os materiais didáticos se refiram a recursos usados pelos alunos no dia a dia deles. Por exemplo, para a medida de comprimentos, pode-se utilizar fita métrica; para o cálculo de volume, garrafas de bebidas que possam ser utilizadas como material didático, entre outras alternativas. O uso didático desses materiais deve ser planejado pelo professor para que os objetivos pedagógicos sejam atingidos. Com eles, o educador pode desenvolver laboratórios de matemática ou ambientes de aprendizagem contextualizados para o aprimoramento dos conceitos.

Finalmente, no ensino de probabilidade e estatística nos anos finais do fundamental, espera-se que

os alunos saibam planejar e construir relatórios de pesquisas estatísticas descritivas, incluindo medidas de tendência central e construção de tabelas e diversos tipos de gráfico. Esse planejamento inclui a definição de questões relevantes e da população a ser pesquisada, a decisão sobre a necessidade ou não de usar amostra e, quando for o caso, a seleção de seus elementos por meio de uma adequada técnica de amostragem. (Brasil, 2018, p. 275)

Diante isso, consideramos que o uso de diferentes tecnologias digitais pode ajudar significativamente no desenvolvimento das atividades realizadas no ensino dessa unidade temática. Materiais como calculadoras e planilhas eletrônicas podem auxiliar no que se refere à avaliação e à comparação dos resultados, além de facilitar a construção de gráficos associados aos dados analisados. Sugerimos que as situações para o estudo de probabilidade e estatística sejam oriundas de contextos reais, e, para isso, contamos com institutos que nos fornecem informações que podem ser analisadas, como é o caso do Instituto Brasileiro de Geografia e Estatística (IBGE).

Assim, dependendo do conteúdo a ser abordado, deve-se utilizar um determinado material didático, mas dependerá do professor que tal material seja mesmo didático, já que, conforme seu uso, o estudante poderá atingir o aprendizado desejado. Por essa razão, no subcapítulo seguinte, abordaremos a formação de professores que ensinam Matemática na educação especial.

4.5 Formação de professores que ensinam Matemática na educação especial

Para elucidarmos a formação dos professores que atuam nas séries iniciais e finais do ensino fundamental na perspectiva da matemática, precisamos compreender o que é a formação de professores e o que vários autores dizem acerca dessa formação na perspectiva inclusiva.

Primeiramente, vamos discorrer sobre o que trata a legislação acerca dessa temática. A LDB estabelece, em seu art. 59, que os sistemas de ensino deverão assegurar aos estudantes com deficiência, altas habilidades e superdotação, bem como transtornos globais do desenvolvimento, "professores com especialização adequada em nível médio ou superior, para atendimento especializado, bem como professores do ensino regular capacitados para a integração desses educandos nas classes comuns" (Brasil, 1996).

Seguindo nessa premissa, devemos entender que a legislação garante uma formação adequada para o atendimento a esse público-alvo, portanto, é importante que esteja amparada em uma formação inicial ou continuada de professores.

Entende-se por *formação de professores* a profissionalização docente, ou seja, o estudo necessário para a atuação como docente nos mais diferentes níveis e modalidades de ensino. Ao debruçar suas lentes teóricas sobre essa temática, Gatti (2008) aponta que que vários organismos internacionais, como o Banco Mundial, realizam investimentos em formação docente como prioridade. Nesse prisma, em seus documentos, "está presente a ideia de preparar os professores para formar as novas gerações para a nova economia mundial e de que a escola e os professores não estão preparados para isso" (Gatti, 2008, p. 62).

Assim, podemos perceber que, no cenário contemporâneo, faz-se necessário investir na formação de professores para que tenham as capacidades e diferentes competências valorizadas pelo viés do desenvolvimento econômico, o que acarreta, consequentemente, o desenvolvimento da aprendizagem dos estudantes. Infelizmente, muitas vezes isso não ocorre devido ao déficit na formação inicial e continuada de professores, conforme explana Gatti (2008).

Ao nos voltarmos à formação inicial e continuada de professores para a inclusão escolar, encontramos muitas lacunas, conforme relata Carvalho (2016, p. 29):

> Os professores alegam (com toda razão) que em seus cursos de formação não tiveram a oportunidade de estudar a respeito, nem de estagiar com alunos de Educação Especial. Muitos resistem, negando-se a trabalhar com esse alunado enquanto outros os aceitam para não criarem áreas de atrito com a direção das escolas. Felizmente, há muitos que decidem enfrentar o desafio e descobrem a riqueza que representa o trabalho na diversidade.

O processo de ensino para alunos de inclusão representa um abismo para muitos professores, e quando falamos em ensinar e formar professores para lecionar Matemática, os elementos acabam ficando ainda mais complexos. Um dos motivos para isso diz respeito ao componente curricular de Matemática, e outro, à própria formação dos profissionais para ensinar Matemática. Em vários casos, uma atenção especial é necessária, pois os professores se formam apenas para o desenvolvimento da técnica (algoritmo e fórmulas, por exemplo), e não para um olhar humanizado e contextualizado do ensino da Matemática.

Ao unirmos o ensino de Matemática à educação especial, criamos um tema complexo, pois, ao olharmos a formação de professores dos anos iniciais, percebemos que estes são formados, na sua maioria, como licenciados em Pedagogia, sendo, muitas vezes, chamados de *polivalentes*.

Nesse viés, podemos afirmar que a formação de professores que ensinam Matemática nas séries iniciais necessariamente precisa se pautar nos estudos de um curso de graduação a nível de Licenciatura em Pedagogia, tendo em vista que esse curso habilita a lecionar nas séries iniciais do ensino fundamental. Já no tocante ao profissional que atua nas séries finais, este precisa ser licenciado em Matemática.

O que vai definir se o professor que ensina Matemática para educação especial tem um diferencial é o aporte teórico e o constante estudo, bem como a especialização desse professor nessa área de atuação por meio de cursos de extensão universitária, além da participação em palestras, feiras, simpósios, cursos de especialização *lato sensu*, mestrado e doutorado. A essa formação que ocorre após a formação inicial damos o nome de *formação continuada de professores*.

Muitos professores que atuam nas séries iniciais e finais no componente curricular de Matemática, para atender às demandas específicas da educação especial, acabam se especializando em âmbito de pós-graduação *lato sensu* em educação especial ou em educação matemática, ou, ainda, em alguma deficiência específica.

Na visão de Gatti (2016), o que precisamos considerar em relação à formação de professores, seja inicial, seja continuada, é que ambas precisam considerar a heterogeneidade dos professores e alunos. Isso significa dizer que é necessário "estudar, conhecer e levar em conta esta heterogeneidade, produzindo, então, a diversificação nas práticas educacionais e meios, a lexibilidade da estrutura organizativa para atender a uma população heterogênea" (Gatti, 2016, p. 164). A esse respeito, Alencar (2007, p. 22) afirma:

O professor é considerado o componente mais importante. Aqueles que contribuem de forma mais efetiva para o desenvolvimento de habilidades criativas de seus alunos caracterizam-se pelo domínio da disciplina sob sua responsabilidade, grande entusiasmo e mesmo paixão pela sua área de conhecimento (denominado "romance com a disciplina" pelo autor), além do uso de práticas pedagógicas diversificadas em sala de aula, utilizando, por exemplo, discussão em grupo, aulas expositivas, estudos dirigidos, jogos e exercícios, filmes para ilustrar tópicos abordados e outras estratégias que ajudam a despertar e assegurar o interesse do aluno pelo conteúdo ministrado.

Nesse sentido, na visão de Silva e Sakaguti (2020), o professor não precisa dominar todas as interfaces do currículo inclusivo; sobretudo os professores que ensinam Matemática na educação especial devem ter força de vontade e criatividade, pois, para Sakaguti e Bolsanello (2009, p. 2128), uma das condições imprescindíveis ao professor é "não parar no tempo. Precisa fazer de sua vida um cultivo, atualizar-se, articular o conhecimento com a realidade. Não precisa ser superdotado ou perito em todas as áreas do currículo".

Síntese

Neste capítulo, discutimos sobre a educação especial no tocante ao ensino da Matemática nas séries iniciais e finais, dialogando acerca dos materiais didáticos que podemos utilizar nessas etapas do ensino fundamental.

Além disso, apresentamos um debate crítico relacionado à formação de professores que ensinam Matemática nessas séries, propondo questões referentes à legislação e à formação específica para a atuação nessas etapas.

Indicações culturais

PEREIRA, T. M. (Org.). **Matemática nas séries iniciais**. 2. ed. Ijuí: Ed. da Unijuí, 1989.

Nessa obra, os autores trazem aspectos relacionados ao ensino da Matemática nas séries iniciais, além da aquisição do conhecimento lógico-matemático pelas crianças e dos conceitos correlacionados a esse ensino.

SILVA, L. L.; STROHSCHOEN, A. A. G. O ensino de matemática no contexto da educação inclusiva. **REVEMAT**, Florianópolis, v. 15, n. 1, p. 1-16, 2019.

Nesse artigo, as autoras investigam e apresentam aspectos do ensino da Matemática voltado para a educação especial, bem como os caminhos percorridos durante essa investigação.

Atividades de autoavaliação

1. Quais são os anos que compõem as séries iniciais?
    a) 1º ao 5º.
    b) 2º ao 9ª.
    c) 3ª ao 9º.
    d) 4º ao 9º.

2. Quais são os anos compõem as séries finais?
   a) 6° ao 9°.
   b) 5° ao 9°.
   c) 8° e 9°.
   d) 7° ao 9°.

3. Indique a seguir a alternativa que apresenta um dos objetivos da unidade temática de números presente na BNCC:
   a) Pensamento numérico.
   b) Pensamento algébrico.
   c) Pensamento estatístico.
   d) Pensamento numérico-lógico.

4. O que a unidade temática de probabilidade e estatística, presente na BNCC, trabalha?
   a) Leitura, interpretação, conhecimento de tabelas, gráficos, entre outros.
   b) Reconhecimento de objetos, formas e pessoas no espaço.
   c) Investigação de regularidades ou padrões em sequências.
   d) Conhecimento de contagem, seja ela ascendente, seja descendente.

5. O que a unidade temática de álgebra, presente na BNCC, trabalha?
   a) Álgebra, padrões de figuras e numéricos, investigação de regularidades ou padrões em sequências.
   b) Reconhecimento de objetos, formas e pessoas no espaço.
   c) Medidas de tempo, comprimento, largura etc.
   d) Leitura, interpretação, conhecimento de tabelas e gráficos etc.

Atividades de aprendizagem

Questões para reflexão

1. Qual é a importância de formar professores de Matemática atuantes na educação especial?

2. Quais materiais didáticos podemos utilizar para educar matematicamente um estudante das séries iniciais ou finais do ensino fundamental?

Atividade aplicada: prática

1. Vamos agora praticar sobre composição numérica com materiais alternativos para o desenvolvimento do raciocínio lógico dos estudantes. Para esta atividade, portanto, você precisará de:

   - 5 copinhos plásticos (a depender do conteúdo que o professor estiver trabalhando: unidade, dezena, centena etc.);
   - canetas, preferencialmente pretas.

   Na borda do copo, escreva os algarismos de 0 a 9. Tente padronizar as bordas dos copos. Muitos professores utilizam cores, contudo, para alunos com deficiência, principalmente com deficiência visual, temos de trabalhar com contrastes. Caso o aluno tenha outro tipo de deficiência – por exemplo, intelectual –, poderemos utilizar as cores não apenas para ensinar números, mas também para trabalhar o pareamento de cores. Como exemplo, observe a Figura 4.2, a seguir.

Figura 4.2 – Composição do sistema de numeração decimal

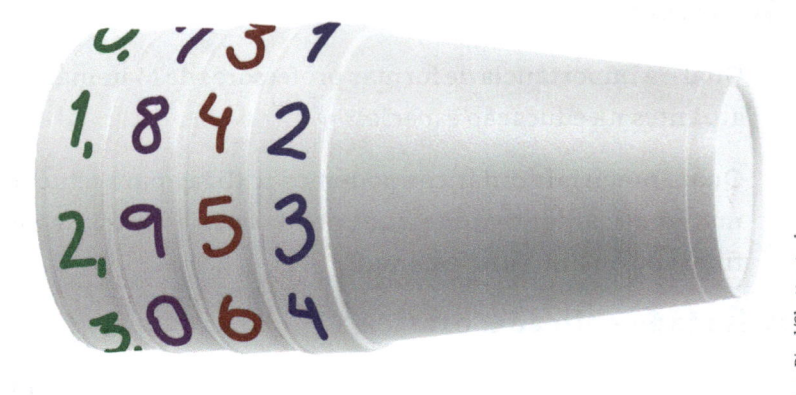

Fonte: Jones; Tiller, 2017, p. 21.

Agora que você já desenvolveu e construiu os copos com seus estudantes ou com alguma criança que você tenha em casa, tente trabalhar com ela, inicialmente, o que seria unidade, dezena e centena. Observe se ela já possui esses conceitos desenvolvidos e vá anotando para posterior discussão com seus colegas.

Capítulo 5
O ensino da Matemática no ensino médio: um olhar pela educação especial

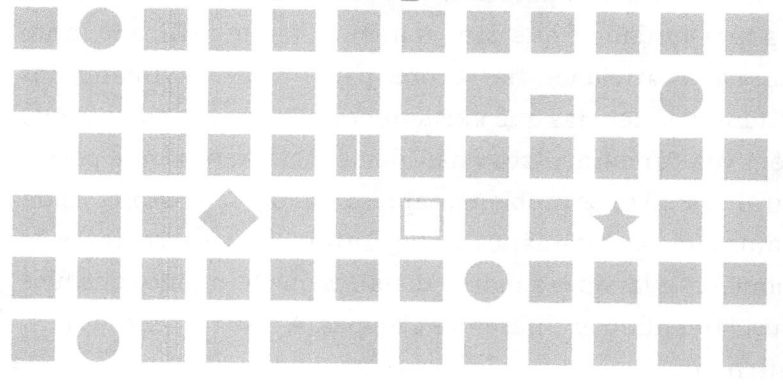

Neste capítulo, abordaremos diferentes questões que podem ser utilizadas no ensino da Matemática voltado para a educação especial no ensino médio. Especialmente, daremos ênfase: à história da matemática; aos erros cometidos na aprendizagem da disciplina, como oportunidades para aprimorar o aprendizado; às tecnologias de informação e comunicação (TICs), uma vez que têm sido muito utilizadas para o ensino da Matemática; aos jogos matemáticos, que representam uma grande alternativa para o desenvolvimento do pensamento matemático; e à resolução de problemas, uma das tendências com maior relevância e que possui papel fundamental no caso da educação especial.

5.1 Revisitando os conceitos históricos e matemáticos do ensino médio

A matemática como disciplina foi se constituindo com o desenvolvimento da atividade humana, sempre com o intuito de resolver algum determinado problema. Mesmo que muitos de seus conceitos pareçam não ter vinculação com a realidade, a verdade é que, sim, o homem a tem utilizado tanto para a sua atividade diária como para o desenvolvimento das diferentes ciências que existem hoje. Os avanços do mundo têm sua fundamentação nas ideias matemáticas que permitiram resolver os problemas apresentados. Com isso, consideramos que a matemática se constituiu pelo próprio fazer do homem, levando-o a mais e mais desenvolvimentos que hoje fundamentam as diferentes ciências. A esse respeito, os PCN afirmam:

A própria História da Matemática mostra que ela foi construída como resposta a perguntas provenientes de diferentes origens e contextos, motivadas por problemas de ordem prática (divisão de terras, cálculo de créditos), por problemas vinculados a outras ciências (Física, Astronomia), bem como por problemas relacionados a investigações internas à própria Matemática. (Brasil, 1998c, p. 40)

Nesse sentido, concordamos com os professores e pesquisadores que têm apontado a relevância do uso da história da Matemática para o ensino dessa disciplina, devido ao fato de que representa uma grande alternativa pedagógica, pois fornece as possibilidades de abordar problemas de forma prática, criativa e formativa.

Recorrer à história da matemática possibilita estudar os conceitos matemáticos de forma que sejam formalizados e dotados de sentido para os estudantes. Nesse viés, consideramos que o ensino da Matemática, por meio de sua história, pode representar um aspecto motivador para seu estudo (D'Ambrosio, 1996).

A história da matemática como tendência para o ensino vem ganhando espaços há mais de 20 anos no Brasil, sendo um de seus primeiros promotores o professor Ubiratam D'Ambrosio, pai da etnomatemática.

D'Ambrosio (1999) percebe a história da disciplina como relevante para seu ensino, já que ajudaria na compreensão desse conhecimento, que se trata de um legado cultural. Assim, podemos afirmar que essa tendência representa uma grande alternativa para o ensino da Matemática, já que, além de nos ajudar a conhecer o fundamento da disciplina, auxilia-nos também, como professores, a ter ideias dos diferentes contextos e situações nos quais determinado conceito pode ser utilizado, fornecendo insumos para refletir sobre o que é necessário que os alunos aprendam.

A abordagem da matemática por meio de sua história representa uma oportunidade para apresentá-la aos estudantes como parte do desenvolvimento da própria atividade humana que busca a satisfação de suas necessidades. Inserir os estudantes em situações dessa natureza pode levá-los ao entendimento do uso da matemática desde contextos cotidianos até situações de perspectiva científica, permitindo-lhes compreender também a relevância social da ciência.

Ainda, a história da matemática pode se basear em outras tendências, se utilizada para a resolução de um problema, para investigar, para criar um espaço de laboratório, bem como em forma de leitura e escrita etc. Esse apoio entre as diferentes tendências e a história da matemática vai depender muito da criatividade do professor na organização do conceito a ser estudado. Dessa forma, a aprendizagem da matemática pode ser percebida pelo estudante além daquele acúmulo de exercícios que devem ser resolvidos de forma mecânica e tradicional, focados na memorização e na aplicação de métodos. Nesse sentido, a história da disciplina representa uma excelente alternativa para os professores contarem com situações contextualizadas nas quais determinado conceito matemático é aplicável.

> As ideias matemáticas comparecem em toda a evolução da humanidade, definindo estratégias de ação para lidar com o ambiente, criando e desenhando instrumentos para esse

fim, e buscando explicações sobre os fatos e fenômenos da natureza e para a própria existência. Em todos os momentos da história e em todas as civilizações, as ideias matemáticas estão presentes em todas as formas de fazer e de saber. (D'Ambrosio, 1999, p. 97)

Diante desses apontamentos, consideramos que o uso da história da matemática para a educação especial também é uma boa opção para o desenvolvimento dos estudantes com necessidades especiais. Sabemos que a matemática é percebida como complexa, mecânica e de memória, o que levaria esses estudantes a uma complexidade maior no entendimento dessa disciplina.

Essa tendência, quando utilizada com estudantes com necessidades especiais, pode permitir ao professor diferentes questões:

- Apresentar ao aluno conceitos que o leve a se sentir como se estivesse na época na qual o conceito se constituiu ou apresentar situações semelhantes na qual seja necessário o uso da ideia matemática desejada. Isso vai favorecer na necessidade de o estudante utilizar um conceito para resolver o problema apresentado.
- Contar com diferentes alternativas que podem surgir da criatividade do professor que se baseou na história para a consolidação do problema apresentado. O conhecimento dos acontecimentos históricos pode promover diferentes alternativas ou, ainda, o professor pode criar alternativas próprias para serem utilizadas em sala de aula.
- Desenhar a situação de tal forma que seja garantida a participação ativa do aluno. De nada adianta utilizar a história

apenas com o intuito de ler um conto; é preciso utilizá-la para criar um espaço de aprimoramento do conceito matemático, ao oferecer ao aluno a oportunidade de ser parte do contexto referente à situação na qual o conteúdo está sendo abordado.

- Promover o trabalho colaborativo entre os estudantes. Assim como a matemática se desenvolveu de forma coletiva para a satisfação de necessidades da comunidade, o mesmo pode ocorrer em sala de aula para o aprendizado do conceito abordado em conjunto com os estudantes.
- Desenhar a situação ou o contexto histórico de tal forma que sua linguagem possa ser entendida pelo estudante com necessidades especiais. Essa questão é relevante porque, dependendo da necessidade de cada estudante, a situação deve apresentar determinadas caraterísticas particulares, próprias para tal necessidade. Mas isso também pode ser abordado de modo que as situações sejam resolvidas de forma coletiva, já que nesse trabalho colaborativo os alunos podem oferecer apoio a outros estudantes na sua linguagem. Porém, todos os fatores que podem se apresentar no momento têm de ser considerados.

Percebemos, assim, que o papel do professor é fundamental, porque é ele quem deve apresentar todas as alternativas necessárias para que o aluno possa se apropriar dos conceitos matemáticos. Isso pode ocorrer com base nos conceitos prévios dos estudantes, o que também facilita o aprimoramento. Então, é o professor quem deve organizar o ensino, levando em conta as possibilidades do estudante e seu ritmo de aprendizagem para, assim, atingir os objetivos da aula.

Nesse sentido, devido à complexidade da Matemática para o ensino médio, para a educação especial, o uso da história da matemática representa uma alternativa importante. Isso não quer dizer que é a única, mas se trata, sim, de uma grande aliada para organizar o ensino de forma que possa permitir o aprendizado que se deseja ao estudante.

Na sequência, vamos abordar outra alternativa que pode ser considerada durante o ensino da Matemática como uma grande aliada no aprimoramento dos conceitos matemáticos: o erro.

5.2 O erro como processo de ensino--aprendizagem da Matemática na educação especial

Ao procurarmos o que significa o termo *erro* em um dicionário, podemos encontrar várias definições. O dicionário Michaelis (2021) apresenta seis definições que podem ser usadas em contextos mais gerais:

> 1 Ato ou efeito de errar; solecismo.
> 2 Apartamento do que é honesto, justo, sábio.
> 3 Crença ou juízo que está em desacordo com os fatos; engano, equívoco.
> 4 Ação inadequada, resultante de um juízo falso.
> 5 Desvio de uma regra de conduta estabelecida; desregramento.
> 6 Conceituação imprecisa de uma ideia ou interpretação falha de um assunto, de um tema; inexatidão.

Nas cinco primeiras definições, o erro está mais direcionado a algo ruim que não deve acontecer. Mas, se refletimos sobre a constituição da humanidade e de nosso desenvolvimento, o erro fez parte de toda a evolução humana, já que o método de tentativa e erro permitiu ao ser humano construir o mundo que hoje conhecemos. Isso porque muitas ideias precisam ser testadas antes de se poder afirmar, de fato, que funcionam. É nesse processo que o erro cumpre um papel muito importante, uma vez que, se não fosse pelo erro, não seria possível obter melhorias.

Assim, entender o erro como algo além do ruim pode mudar nosso foco como professores, Pela própria natureza humana, o homem sempre tentou dar soluções a determinados problemas. De acordo com as primeiras cinco definições apresentadas, o erro só indica insucesso ou, pior, o reflexo de uma ação indevida que pode ir contra o que é tido como normal.

No entanto, olhando por outra perspectiva, o erro pode ter um significado menos ruim, mas isso depende do contexto. O erro poderia ser considerado como o início para avançar diante de algum problema para a satisfação de nossas necessidades. O sistema nos apresenta padrões que, se não forem cumpridos, fazem-nos sentir que estamos errando, questão que nem sempre é verdadeira. Existem coisas que, pela necessidade do desenvolvimento de uma sociedade, precisam ser cumpridas – para isso, existem as leis. Assim:

> O erro só pode ser considerado como algo insatisfatório, na solução de um problema, se tomarmos como acerto uma forma, um padrão, a ser seguido. Sem um padrão não há erro.
> O que pode existir (e existe) é uma ação insatisfatória, que

não atinja um determinado objetivo que se está buscando. Neste sentido, poderíamos dizer que ao desprender esforços na busca de um objetivo teremos chance de sermos bem ou mal sucedidos. Desta forma não há erro, mas sucesso ou insucesso. (Nogaro; Granella, 2004, p. 34)

Para o contexto escolar, existem padrões que devem ser cumpridos, por meio dos quais os estudantes devem responder o que o professor deseja ouvir ou ler, do contrário, estarão errando. Esse cenário deixa de lado uma oportunidade que representa o resgate do erro para a aprendizagem do estudante. Pela natureza humana, a tentativa e o erro sempre foram, e seguem sendo, formas de se aproximar do conhecimento para, assim, entender seu entorno e condicionar sua forma de agir nele. O erro pode ser percebido como essa oportunidade de refletir sobre a ação realizada, identificar as fraquezas e voltar a tentar.

Dessa forma, o erro no contexto escolar deveria ser considerado uma alternativa que possibilite a aproximação do conhecimento, e não uma forma de fracasso para o estudante.

> Por tratar-se do aprendizado, do conhecimento humano, o erro escolar corresponde a uma série muito grande de fatores para que ele ocorra. O ser humano é dotado de uma diversidade biológica, estrutural, social, cognitiva, afetiva etc., muito variada. Assim sendo são variados, também, os motivos e as soluções propostas na análise do erro escolar. (Nogaro; Granella, 2004, p. 36)

Sobre as causas dos erros no estudo da Matemática, Rico (1998) comenta que, durante os anos 1960, dois autores realizaram contribuições a esse respeito. O primeiro deles foi Kuzmitskaya, que apresentou quatro causas de erros, sendo as seguintes: "insuficiência da memória a curto prazo; compreensão insuficiente das condições do problema; erros devido à ausência de regras verbais para a realização de cálculos; erros pelo uso incorreto das quatro operações básicas" (Rico, 1998, p. 78-79, tradução nossa). Por outro lado, Rico (1998) comenta que Menchinskaya destacou os erros dos estudantes de Matemática enfatizando-os em quatro causas: "erros devido a uma realização incorreta em uma operação; erros por uma compreensão conceitual qualitativamente insuficiente; erros mecânicos por distração ou perda de interesse; erros devido à aplicação de regras ou algoritmos inadequados" (Rico, 1998, p. 79, tradução nossa).

Organizando essas causas em um quadro, obtemos o resultado mostrado a seguir.

Quadro 5.1 – Causas dos erros no estudo da Matemática

Causas segundo Kuzmitskaya	Causas segundo Menchinskaya
Insuficiência da memória a curto prazo	Erros devido a uma realização incorreta em uma operação
Compreensão insuficiente das condições do problema	Erros por uma compreensão conceitual qualitativamente insuficiente
Erros devido à ausência de regras verbais para a realização de cálculos	Erros mecânicos por distração ou perda de interesse
Erros pelo uso incorreto das quatro operações básicas	Erros devido à aplicação de regras ou algoritmos inadequados

Fonte: Elaborado com base em Rico, 1998.

A partir dessas causas, consideramos que os erros no estudo da Matemática podem ser transcendidos por meio de estratégias que possam torná-los oportunidades de aprendizagem. Diante disso, Rico (1998), apoiado na ideia de outros autores, apresenta cinco alternativas que podem ser utilizadas para o trabalho com os erros com os estudantes:

- Listar todas as técnicas potencialmente errôneas.
- Determinar a distribuição de frequência de essas técnicas errôneas nos agrupamentos por idades.
- Analisar as dificuldades especiais, em particular as relativas à divisão e às operações com o zero.
- Determinar a persistência de técnicas errôneas individuais.
- Tratar de classificar e agrupar os erros. (Rico, 1998, p. 79-80, tradução nossa)

Com base no exposto, a análise dos erros que os estudantes cometem durante o estudo da Matemática pode representar uma oportunidade de aprendizagem, transcendendo a mera matemática realizada de forma mecânica, a qual passa, assim, a ser refletida e pensada pelo estudante com o professor. Dessa forma, o erro passa a ser considerado um apoio para o desenvolvimento do raciocínio dos estudantes, contribuindo para a transcendência das dificuldades apresentadas. Além disso, o estudante começa a não ter medo de comunicar o que pensa, já que não será punido pelo erro, e sim conduzido a desenvolver o raciocínio necessário para resolver os problemas. É relevante que o erro seja visto como oportunidade de aprendizagem de que o estudante necessita, em vez de significar que este não é um bom aluno.

Para a resolução de um problema, o educando pode tentar diferentes formas, e é nessas tentativas que ele pode errar, mas o professor deve estar preparado para isso. O ideal é considerar os possíveis erros para que os alunos possam refletir sobre suas respostas.

> A ação pedagógica estruturada na cobrança de algoritmos, resolução por fórmulas e exercícios do tipo "siga o modelo", impede a compreensão da matemática como construção histórica, que pode ser reconstruída pelos alunos, possibilitando ensaios, aproximações e erros que se forem socializados e discutidos, podem ser superados e não apenas negados, abrindo, assim, espaço para a provisoriedade. Seguir as pistas que os erros vão deixando pelo caminho, possibilita identificá-los; discutir a coerência da estratégia adotada; se ocorreu por simples distração, medo, ou dificuldade de raciocinar; se o aluno raciocina corretamente, mas não compreende as regras algorítmicas; se apenas segue o modelo; ou ainda, se faz análise do resultado confrontando-o com a situação proposta. (Berti; Carvalho, 2007, p. 6)

Diante disso, fica evidente a relevância do uso do erro como parte da aprendizagem dos estudantes, e não como algo que presuma punição. Nesse sentido, o erro se torna algo favorável para a aprendizagem, possibilitando diversas questões que podem levar o aluno à tomada de consciência que o convide a pensar e refletir sobre as diferentes alternativas que podem ser usadas para a resolução de um problema. Dessa forma, ele vai compreender por que errou, por que certo detalhe não permite dar solução a seu problema, promovendo, assim, o raciocínio que vai ajudá-lo não só na matemática, mas também na vida.

Para isso, é preciso que o posicionamento da escola diante o erro do estudante não seja de punição, mas sim que sirva como pontapé para que ele reorganize suas ideias e, assim, aproxime-se do conceito abordado. De acordo com Zabala (1998, p. 29):

> É preciso insistir que tudo quanto fazemos em aula, por menor que seja, incide em maior ou menor grau na formação de nossos alunos. A maneira de organizar a aula, o tipo de incentivos, as expectativas que depositamos, os materiais que utilizamos, cada uma destas decisões veicula determinadas experiências educativas, e é possível que nem sempre estejam em consonância com o pensamento que temos a respeito do sentido e do papel que hoje em dia tem a educação.

Nessa organização da escola, o professor também vai poder se posicionar diante do erro, de tal forma que seja favorável ao estudante. Isso pode ocorrer por meio do levantamento de hipóteses, da reflexão e da autonomia na resolução de determinados problemas, mas também é papel do professor atingir isso e saber lidar com as dificuldades que os estudantes podem apresentar.

Segundo Nogaro e Granella (2004), o educador tem três possíveis posturas diante do erro: punição, complacência ou possibilidade de aprender. Se o professor opta pela última alternativa, então é possível que o erro represente um caminho para novos descobrimentos. "Sob este enfoque, buscamos a compreensão do erro não apenas da perspectiva do aluno, como também, na atuação docente em sala de aula. Neste caso, aluno e professor integram o processo de ensino-aprendizagem e os erros cometidos são produzidos tanto individuais como coletivamente" (Nogaro; Granella, 2004, p. 38).

Toda essa reflexão sobre o erro é necessária para que seu entendimento na educação especial esteja direcionado nesse mesmo viés, já que a compreensão e o posicionamento do professor e da escola também devem fazer parte do uso do erro para estudantes com necessidades especiais. Nesse caso, o cuidado com os estudantes diante das dificuldades da educação especial deve estar direcionado na mesma linha, pois, de qualquer forma, estaremos trabalhando com seres humanos que precisam de orientação e respeito.

O fato de ensinar a estudantes com necessidades especiais torna o uso do erro um grande aliado durante o processo de ensino-aprendizagem. O tratamento dado ao erro é que vai marcar a diferença entre uma aprendizagem caraterizada pela reflexão ou pela punição. Sempre temos de cuidar com nossas palavras, gestos e olhares diante de um erro, porque cada um desses detalhes pode representar o estigma de algo positivo ou negativo no estudante. Como seres humanos, nós nos constituímos por meio de experiências e vivências com as coisas e pessoas que estão ao nosso entorno. Por isso, como professores, devemos saber que o que fazemos influencia o estudante.

Finalizamos este tópico destacando que não há uma pílula mágica para o tratamento do erro com os estudantes, tanto no ensino comum como no especial. Porém, existe o posicionamento que nós, professores, podemos considerar diante dessa situação. Independentemente da tendência ou da metodologia utilizada, o erro pode aparecer, e os professores precisam estar preparados para lidar com essas situações.

5.3 As TICs para o ensino da Matemática no ensino médio na educação especial

A sigla TICs significa *tecnologias da informação e comunicação* e representa a forma de expressar o que estava acontecendo com as novas tecnologias que surgiram nos anos 1990 no âmbito educativo. Referimo-nos a elas quando falamos sobre alguma tecnologia que trabalhe com as informações e facilite a comunicação. Em geral, podem ser qualquer *hardware* ou *software*, alguma rede ou qualquer dispositivo tecnológico que promova o trato com as informações e as comunicações. Alguns autores preferem chamá-las de *tecnologias digitais*, e embora essa diferença terminológica não seja foco de discussão neste livro, é importante reconhecer essa nomenclatura. Destacamos que isso aconteceu com o surgimento da informática, sendo as possibilidades de trabalho com as informações e comunicações as áreas mais favorecidas nesse sentido.

No que se refere à educação, a informática tem favorecido enormemente desde a parte administrativa até o ensino, representando uma grande aliada no processo de aprendizagem dos estudantes. Atualmente, tem ganhado muito mais espaço na educação, já que passou a ser parte da vida de todos os seres humanos. Alguns professores e pesquisadores têm discutido sobre a importância de utilizar essa ferramenta nas salas de aula – por exemplo, com o uso dos *smartphones*.

Assim, a utilização da informática na educação vai depender muito dos interesses pedagógicos do professor. Devemos considerar que a informática não representa a solução de todos os problemas do ensino, mas sim uma alternativa que tem favorecido muito o processo de ensino-aprendizagem.

Assim como qualquer outra tecnologia que não seja digital, as TICs acarretam uma responsabilidade importante, já que seu uso deve ser estruturado de tal forma que represente de verdade uma alternativa para uma aprendizagem diferenciada e favorável ao estudante, e não um obstáculo ao seu desenvolvimento. Esse fato deve ficar claro para todos porque, por exemplo, o uso de materiais concretos pode representar uma alternativa mais adaptável a certas situações, nas quais o uso das TICs parece menos favorável. Nesse sentido, não queremos apresentá-las como a única solução, e sim como uma alternativa a mais com a qual podemos contar para a organização do ensino-aprendizagem da Matemática.

Quanto à informática na educação matemática, Borba e Villarreal (2005) mencionam o diferencial do uso dela para essa área. Os autores destacam principalmente as possibilidades de experimentação e visualização que têm sido potencializadas pelo uso do computador. Antigamente, tais processos já existiam como parte da matemática formal e para seu ensino, mas, com a informática, a experimentação e a visualização se tornaram grandes ferramentas de ensino.

Diante disso, é necessário refletir sobre a importância da integração da informática no ensino da Matemática, particularmente para a educação especial. Faz muitos anos que o uso do computador tem representado uma reorganização do pensamento e da atividade do ser humano (Tikhomirov, 1981) em diferentes áreas, tal como acontece na educação em geral. Isso se dá com qualquer aparelho ou *software* digital que pode ser utilizado com fins educativos. Nesse sentido, podemos considerar que "o computador como ferramenta educacional, é visto como um instrumento com o qual o sujeito desenvolve, executa algo, ocorrendo assim, o aprendizado através da resolução de problemas e da comunicação, propiciando uma educação centrada na aprendizagem" (Morellato et al., 2006, p. 2).

Isso pode ser aplicado a qualquer dispositivo digital. Com o passar dos anos, diferentes *hardwares*, *softwares* e dispositivos têm surgido para o desenvolvimento da humanidade, e isso tem se refletido na educação, porque não é segredo que se tem tentado promover o uso da informática para os estudantes, a fim de que eles possam desenvolver uma aprendizagem diferenciada que os ajude em seu caminhar educativo e lhes outorgue ferramentas que os auxiliem tanto na escola como em seu desenvolvimento na sociedade. Diante disso, os *softwares* têm ganhado diferentes espaços e sido adaptados para diferentes dispositivos além do computador, os quais podem ser utilizados no ensino-aprendizagem da Matemática.

Atualmente, há diversos *softwares* educativos que podem ser utilizados tanto para a elaboração de recursos digitais como para uso no ensino da Matemática. O relevante desses *softwares* é que eles possuem caraterísticas próprias que os fazem de utilidade para o contexto escolar. A escolha da ferramenta mais adequada vai depender dos interesses dos professores que dela farão uso.

Como já vimos no capítulo anterior, um *software* criado com o intuito de dar suporte ao ensino-aprendizagem da Matemática é o GeoGebra (2021), que é atualmente gratuito e já foi traduzido para mais de 60 idiomas. Ele ganhou tanto apreço dos usuários que existe uma comunidade internacional de professores e pesquisadores que fazem uso dele tanto para a Matemática como para áreas afins (Díaz-Urdaneta, 2020).

No Brasil, o uso desse *software* ganhou popularidade entre as escolas e universidades pelas suas qualidades didáticas e pelas vantagens de uso. Trata-se de uma ferramenta que atualmente pode ser utilizada tanto no computador como no *smartphone*, *on-line* e *off-line*. Além disso, conta com uma grande versatilidade, o que lhe fornece qualidades para que os professores tenham interesse em utilizá-la. Assim, com ela podem ser elaborados diferentes recursos digitais para serem utilizados e reutilizados pelos professores.

Também existem os *softwares* App Inventor 2 e Scratch, com os quais é possível criar recursos digitais que também podem ser utilizados no ensino-aprendizagem da Matemática. Atualmente, existem trabalhos, como os de Rocha (2018), Meredyk (2019) e Díaz-Urdaneta (2020), que apresentam diferentes *softwares* utilizados na educação matemática com o intuito de elaborar recursos digitais que podem ser empregados nessa disciplina e que podem ser de utilidade para os professores que desejam conhecer diferentes alternativas de *softwares* para o ensino da Matemática.

> **Para saber mais**
>
> APP INVENTOR 2. Disponível em. <http://ai2.appinventor.mit.edu/?locale=pt_BR#6681721523273728>. Acesso em: 10 jun. 2021.
>
> GEOGEBRA. **Materiais didáticos**. Disponível em: <https://www.geogebra.org/materials>. Acesso em: 10 jun. 2021.
>
> SCRATCH. **Repository**. Disponível em: <https://scratch.mit.edu/studios/4106151/>. Acesso em: 10 jun. 2021.

Os *softwares* apresentados possuem repositórios nos quais os usuários compartilham o que eles fazem para que outras pessoas possam utilizar seus recursos.

A ideia desses repositórios é que os professores possam ter acesso aos diferentes recursos digitais que têm sido elaborados para que possam utilizá-los com seus estudantes, bem como para compartilhar com os colegas os recursos desenvolvidos. Tais espaços representam boas oportunidades para os professores contarem com referências que possam ser de sua utilidade. É importante conhecer tais recursos porque explorar essas alternativas pode ser de grande utilidade para a aprendizagem dos alunos.

Levando essas ideias ao campo da educação matemática especial, a informática também pode representar benefícios, já que

> pode ajudá-los a desenvolver habilidades importantes para que, de maneira independente, possam explorar e exercitar suas próprias ações; essas habilidades têm provocado um impacto muito grande na vida desses alunos, enriquecendo sua capacidade intelectual, sua autoestima e colocando-os em contato com sua capacidade de aprender e de se desenvolver cognitiva e emocionalmente. (Souza, 2015, p. 353)

Para isso, é necessário que, como professores, conheçamos as necessidades de nossos estudantes, assim como no ensino comum, para que o uso da informática represente uma alternativa favorável ao desenvolvimento dos alunos. Como em qualquer contexto, é fundamental reconhecer tanto as necessidades dos estudantes como as possibilidades fornecidas pelas ferramentas da informática, com o intuito de satisfazer o que nossos estudantes precisam. Diante isso, e com o surgimento da informática, para o caso da educação especial, atualmente se conhece o que é chamado de *tecnologia assistiva*, uma ferramenta que ajuda nessa integração da informática com a parte inclusiva da educação. De acordo com a obra *Tecnologia assistiva nas escolas* (ITS Brasil, 2008, p. 11):

> Tecnologia Assistiva é uma área do conhecimento, de característica interdisciplinar, que engloba produtos, recursos, metodologias, estratégias, práticas e serviços que objetivam promover a funcionalidade, relacionada à atividade e participação, de pessoas com deficiência, incapacidades ou mobilidade reduzida, visando sua autonomia, independência, qualidade de vida e inclusão social.

O surgimento da tecnologia assistiva faz parte dos avanços conseguidos com todo o desenvolvimento da humanidade, com o intuito de brindar esse suporte à satisfação das necessidades dos estudantes – nesse caso, com necessidades especiais. Com isso, não queremos dizer que o que se faz no ensino comum não pode funcionar para a educação especial, mas sim que, a depender das necessidades de cada um, vão surgindo alternativas tecnológicas que ajudarão no desenvolvimento de ideias e possibilidades para o ensino da Matemática nesse contexto. Por exemplo, o uso de conceitos históricos por meio das diferentes alternativas informáticas pode ajudar o estudante a ter acesso a simulações de situações que talvez não consiga vivenciar no seu dia a dia.

O mesmo acontece com qualquer tendência da educação matemática que pode ser utilizada pelo professor por meio de alguma ferramenta da informática que facilite a abordagem do conceito estudado. Também funciona com a abordagem do erro, já que, com as ferramentas informáticas, como comentam Borba e Villarreal (2005), os estudantes têm a possibilidade de explorar os conceitos matemáticos de forma dinâmica e diferenciada, favorecendo os processos de experimentação e visualização que são representativos na aprendizagem da Matemática e na educação especial.

Para finalizar este tópico, destacamos que as ferramentas até agora consolidadas pela informática não representam a solução para tudo. Elas são, antes de tudo, instrumentos que facilitam o trabalho do professor, representando uma aprendizagem diferenciada para os estudantes. O sucesso em seu uso depende dos conhecimentos do professor sobre a ferramenta e também das necessidades dos estudantes, já que disso deve depender toda a organização do ensino da Matemática.

5.4 Jogos matemáticos para o ensino médio na educação especial

A palavra *jogo* pode nos trazer ideias de brincadeira e diversão, mas também representa uma atividade física ou cognitiva que permite o desenvolvimento social e intelectual de quem está submetido a ela, sendo orientado por uma série de instruções e regras que condicionam suas decisões.

Historicamente, os jogos têm sido parte da evolução da humanidade, desde os antigos egípcios, passando pelos romanos e os maias, até os dias atuais. Como parte do desenvolvimento humano, eles têm sido importantes especialmente no que se refere à criança, já que o jogo tem um papel relevante para o crescimento nos âmbitos físico e cognitivo, promovendo caraterísticas inventivas, críticas, colaborativas e criadoras.

Uma vantagem do uso dos jogos é seu elemento motivador. São conhecidas a relevância e a importância dos jogos para os estudantes, já que representam uma forma diferente de aprender um conteúdo. Porém, seu uso não pode ser limitado ao aspecto motivador, mas encarado como uma oportunidade para desenvolver uma aprendizagem diferenciada nos estudantes. Cabe destacar que, pelo fato de ser motivador, não significa que a aprendizagem seja mais efetiva que por meio de outros materiais.

Para a aprendizagem nos estudantes, deve haver uma conjugação entre as características dos materiais a serem utilizados em conjunto e o planejamento do professor. O aspecto lúdico dos jogos possui relevância no processo de ensino-aprendizagem, porque, além de se tornar uma oportunidade para uma aprendizagem diferente, eles revelam um caráter motivador que garante uma qualidade prazerosa e não difícil da aprendizagem. Diante disso,

> a ludicidade desempenha um papel primordial na vida do indivíduo, no seu desenvolvimento humano e cognitivo, e especialmente nos processos de ensino e aprendizagem. O lúdico está presente como instrumento ativo fundamental no processo de desenvolvimento da criança. A importância dos jogos no espaço escolar deriva na interação dos alunos, no respeito entre o ganhador e o perdedor, resultando numa prática educativa e recreativa como instrumento educacional, desenvolvendo assim o raciocínio lógico, físico e mental.

Uma grande parcela dos alunos apresenta dificuldades na aprendizagem, sendo assim os professores devem procurar novas práticas pedagógicas para uma melhor assimilação do conteúdo. (Santos; Santos; Lima, 2020, p. 80)

A partir desse posicionamento, acreditamos que os jogos são uma alternativa relevante, já que, além de promover o aprendizado, garantem aos estudantes o compromisso e o prazer de aprender. Por essa razão, consideramos que o jogo é um aliado positivo, porque, no desenvolvimento dele, o estudante se encontra diante de problemas que precisa resolver, tendo de tomar decisões que o levarão a atingir os objetivos, o que também favorece a exploração e a análise da situação apresentada, contribuindo para o desenvolvimento do raciocínio lógico.

Desde que surgiram, os jogos ou brinquedos têm se caracterizado por serem materiais manipuláveis com os quais as pessoas podem interagir. Porém, com a evolução das tecnologias, surgiram também os jogos digitais ou virtuais, com os quais também se podem atingir aprendizados. Isso representa parte das evoluções que aconteceram no mundo, o que também tem influenciado a educação em geral, mas, especialmente, a educação matemática, por meio da qual foram criadas diversas tendências para aprimorar o ensino-aprendizagem da matemática escolar.

Independentemente do tipo de jogo utilizado, o professor precisa de formação para poder fazer uso desse recurso de tal forma que seja um aliado para a aprendizagem, além de prazeroso e motivador.

Nessa ótica, o uso dos jogos é relevante no processo de ensino-aprendizagem da Matemática e, também, trata-se de uma tendência que deve ser pensada, refletida e estruturada a fim de permitir atingir os objetivos pedagógicos estimados com sua utilização. Ao recorrer a determinado jogo, o professor deve reconhecer as intencionalidades que o levam a isso, pois o uso sem planejamento dos diversos materiais pode representar uma dificuldade, em vez de ser um apoio para o estudante. Portanto, a utilização dos jogos deve ser pensada e organizada de tal forma que represente uma oportunidade de aprendizagem.

Com base nessas ideias, podemos pensar que os jogos representam uma alternativa no que se refere à resolução de problemas de Matemática, já que os estudantes se deparam com desafios que os levam a refletir, pensar e analisar o que fazer para poder vencer. Com o devido planejamento do professor, essa estratégia pode se tornar uma aliada para que o aluno desenvolva capacidades e habilidades que lhe permitam, além de resolver problemas matemáticos, tomar certas atitudes diante de outros tipos de problemas. Nesse sentido, de acordo com Almeida et al. (2014, p. 6):

> Para o ensino de matemática, a introdução do lúdico é uma forma de tirar da cabeça dos alunos a imagem de uma disciplina difícil e entediante. Por ser uma ciência exata, requer atenção para que possa ser entendida. A ludicidade, então, chama a atenção do aluno na pratica da matemática, isto é, ao invés de fazer com que o aluno decore fórmulas ou mecanize a resolução de problemas para obter nota, perceba que aquilo serve para alguma coisa. O objetivo de se ensinar matemática de forma lúdica é trazer o aluno para a sala de aula com disposição de aprender, se divertindo. Isso não significa

simples e somente brincar. É necessário que o aluno passe a ver a matemática como uma atividade prazerosa, onde não é necessário somente a repetição e memorização.

Uma questão importante a ser explicada é que o jogo, em uma aula de Matemática, deve ter o propósito de levar os alunos a aprender a matemática. Isto é, precisa ter um propósito didático, e seu desenvolvimento deve considerar a aprendizagem da disciplina. Por essa razão, é importante que seja planejado e estruturado de forma estratégica, para que possam ser atingidos os objetivos do professor e o estudante possa aprender.

O jogo deve representar um recurso para o professor no sentido de auxiliar os estudantes no aprimoramento da matemática, sendo produtivo, atrativo e prazeroso para que eles possam refletir e analisar o conteúdo que está sendo abordado por meio do trabalho, coletivo ou individual, mas direcionado pelas regras do jogo.

Durante o desenvolvimento dos jogos, o professor tem um papel relevante, pois é ele que deve orientar e guiar os estudantes na tomada de decisões e ações realizadas por eles. Já sabemos que, com o jogo, os alunos podem desenvolver sua autonomia, mas esse desenvolvimento deve ser guiado pelo professor, para que se torne uma oportunidade de aprendizagem, e não de frustação pelo fato de se perder o jogo, por exemplo. Para isso, a intervenção do professor deve estar garantida, e os objetivos da atividade, explicitados.

Como comentamos, o jogo, para as crianças, é parte de seu desenvolvimento cognitivo e social, além de representar uma forma de diversão e prazer. Assim, o uso dos jogos com os estudantes tem uma marcada presença, já que, de alguma forma, motiva-os a aprender de maneira diferente. Nesse sentido, colocar as crianças diante de situações com intuitos educativos é uma alternativa importante para a aprendizagem, já que lhes permite raciocinar sobre o que estão realizando e transcender a memorização para a resolução dos problemas, aproximando-os do conhecimento científico – da matemática, por exemplo. Com base nessas experiências, os estudantes podem desenvolver habilidades e comportamentos que lhes ajudem em seu desenvolvimento social, verbal e criativo, estimulando a iteração com seus colegas.

A esse respeito, de acordo com Nishihara (2016, p. 3): "Além disso, os jogos influenciam fortemente no desenvolvimento da agilidade, da concentração e do raciocínio. Contribuem para um desenvolvimento intelectual, pois para jogar é preciso pensar, tomar "decisões", criar, inventar, aprender a arriscar e experimentar".

Podemos dizer que, com a utilização do jogo, o estudante pode transcender dificuldades que se apresentem durante a aprendizagem da matemática. Tal possibilidade permite o desenvolvimento da concentração e da atenção, acompanhado da motivação gerada pelo aspecto lúdico. Como afirmamos anteriormente, os jogos são uma alternativa favorável ao processo de ensino-aprendizagem da Matemática, e isso não acontece apenas com os estudantes do ensino comum, mas também com aqueles que têm necessidades especiais.

A aprendizagem da Matemática é tida como difícil, pois os estudantes do ensino comum apresentam sérias dificuldades – questão que tende a ser mais complexa quando consideramos alunos com necessidades especiais. É nesse sentido que esse tipo de tendência, por exemplo, pode se tornar importante, já que a partir do jogo pode-se desenvolver o aspecto social entre as crianças, independente de sua condição. Essa realidade pode levar os estudantes do ensino comum a aprender e a se desenvolver com as crianças com necessidades especiais, o que tornaria mais fácil o processo de inclusão destas.

Nossa intenção não é apresentar novas tendências para a educação especial, e sim considerar as alternativas já existentes e utilizá-las com qualquer estudante. Diante disso, pela própria personalidade do jogo, ele se torna uma possibilidade relevante tanto para a aprendizagem do estudante com necessidades especiais como para sua inclusão entre seus colegas.

O estudo de um conteúdo por meio do lúdico possibilita o trabalho colaborativo entre os alunos com necessidades especiais. Assim como se dá o desenvolvimento social, cognitivo e emocional em estudantes do ensino comum, o mesmo ocorre com os estudantes com necessidades especiais, mas com uma importância maior, já que o desenvolvimento social entre estes se torna mais relevante em sua evolução.

Para finalizar este tópico, destacamos, mais uma vez, a relevância do jogo com o intuito pedagógico como um aliado tanto para a aprendizagem da Matemática – pois ajuda no desenvolvimento cognitivo e criativo do estudante – como para seu desenvolvimento social, sendo esta última questão um aspecto importante quando tratamos de estudantes com necessidades especiais, para os quais essa evolução torna-se primordial tanto para o alcance dos objetivos educativos quanto para sua inclusão e seu desenvolvimento no entorno social.

5.5 Resolução de problemas para o ensino da Matemática na educação especial

Podemos dizer que a resolução de problemas em Matemática surgiu quando o professor de Matemática George Polya (1978) publicou a obra *A arte de resolver problemas*. Nessa obra, Polya promovia que os estudantes fossem dotados de capacidades para a resolução de problemas, o que passou a ser um dos objetivos centrais do ensino de Matemática. Esse posicionamento se manteve com cautela, mas, por volta dos anos 1990, essa metodologia começou a ganhar mais força em sua divulgação na educação matemática, passando também a ser considerada em documentos oficiais para o ensino. Mas o que é a resolução de problemas?

Para responder essa pergunta, apresentaremos diversas ideias em relação ao que vem a ser um *problema*. Para isso, recorreremos a definições usadas por Romanatto (2012), que apresenta diversos posicionamentos a respeito:

- Segundo Polya (1978), um problema representa uma busca consciente para atingir um objetivo em particular, o qual não é tangível no momento.
- De acordo com Thompson (1989), problemas são quebra-cabeças, labirintos e atividades que consideram ilusões com imagens, permitindo uma diversidade de formas para sua resolução, o que não só depende do que se conhece, mas também de buscar descobrir novas ideias, sendo capaz de desafiar e provocar diversões e frustrações.

- Para Onuchic (1999) e Onuchic e Allevato (2004), um problema representa algo que não sabemos fazer, mas queremos resolver.
- Já para Saviani (2000), um problema é uma questão da qual não se conhece sua resposta, mas necessitamos conhecê-la.
- Por fim, para Romanatto (2012, p. 301), um problema matemático "é uma situação que demanda a realização de uma sequência de ações ou operações para obter um resultado. Ou seja, a solução não está disponível de início, mas é possível construí-la".

Diante dos posicionamentos apresentados, definimos a resolução de problemas como uma atividade na qual uma ou mais pessoas se envolvem com o intuito de dar resposta a determinado problema que é desconhecido para eles, e, para resolvê-lo, devem aplicar seus conhecimentos.

Para os Parâmetros Curriculares Nacionais (PCN), a resolução de problemas deveria ser o ponto inicial para o ensino da Matemática, representando um desafio para o estudante diante de um contexto que lhe permite se aproximar dos conceitos matemáticos:

> O fato de o aluno ser estimulado a questionar sua própria resposta, a questionar o problema, a transformar um dado problema numa fonte de novos problemas, a formular problemas a partir de determinadas informações, a analisar problemas abertos – que admitem diferentes respostas em função de certas condições – evidencia uma concepção de ensino e aprendizagem não pela mera reprodução de conhecimentos, mas pela via da ação refletida que constrói conhecimentos. (Brasil, 1998c, p. 42)

Assim, a resolução de problemas como metodologia de ensino para a Matemática se constitui uma forma em que a utilização de conceitos e definições matemáticas se tornam compreensíveis para os alunos, uma vez que é a partir da resolução que eles percebem a utilidade do conceito abordado. Tal metodologia ajuda significativamente no que diz respeito às representações utilizadas para apresentar os problemas, pois considera diversas alternativas para apresentá-los, promovendo diferentes formas de representação e expressão das ideias matemáticas que estão sendo desenvolvidas.

Para o desenvolvimento da resolução de problemas como metodologia, a estratégia utilizada quebra o paradigma do ensino tradicional, focado na apresentação das definições, no estudo das propriedades e na resolução de exercícios aplicando o que foi aprendido. Nesse caso, partimos do problema para identificar as propriedades inseridas na situação e, posteriormente, passamos à formalização dos conceitos em questão. Dessa forma, o problema passa a ser o foco inicial do processo de ensino-aprendizagem, já que é a partir dele que tal processo terá início, e é no desenvolvimento da resolução que a utilização dos conceitos matemáticos fará sentido.

A matemática se caracteriza pelo uso de conceitos e axiomas, bem como pela demonstração de teoremas, formulação de conjecturas e utilização de algoritmos que são necessários para o seu desenvolvimento, mas é na resolução dos problemas que está a relevância da disciplina, pois é nessa situação que se percebe o quão importante se torna a matemática para resolvê-los. Ou seja, é quando os problemas são aplicados que percebemos como podemos fazer uso da matemática, razão por que a resolução de problemas representa uma forte alternativa para o ensino dessa disciplina. Consideramos que ela é versátil porque pode ser mesclada com outras tendências. Por exemplo, podemos utilizar um problema histórico para resolvê-lo em uma aula de Matemática, situação que representa o uso da história com a resolução de problemas. O mesmo podemos fazer com as outras tendências já estudadas.

A resolução de problemas pode ser abordada de diferentes formas, dependendo dos interesses em sala de aula e do tipo de problema com o qual se esteja trabalhando. Isso pode ocorrer das seguintes formas:

- Partindo do particular para o geral: Considerar um caso simples e, depois, torná-lo genérico para qualquer caso.
- Tentando e errando: Uma forma de explorar o problema e analisar os resultados até encontrar a solução.
- Simulando: Simular/experimentar para encontrar a solução.
- Forma inversa: Iniciando pela solução até chegar à comprovação, entre outras formas.

O relevante é que o professor pode trabalhar certas questões com seus estudantes quando estão resolvendo um problema, como:

- exploração dos conceitos matemáticos;
- formulação de conjecturas;
- elaboração de hipóteses;
- explicação das diferentes soluções;
- apresentação de situações gerais;
- reflexão sobre as respostas;
- explicação dos resultados finais.

Para isso, o professor deve ter certeza de qual é o seu papel durante a resolução dos problemas.

> Cabe ressaltar que o papel do professor é essencial, pois ele deve propor bons problemas, acompanhar e orientar a busca de soluções e coordenar discussões entre soluções diferentes, além de valorizar caminhos distintos que chegaram à mesma solução, validando-os ou mostrando situações em que o raciocínio utilizado pode não funcionar.
>
> O professor precisa trabalhar as soluções individuais, grupais e coletivas, sendo as últimas aquelas aceitas pela comunidade dos matemáticos. Assim é tarefa prioritária do professor organizar, sintetizar, formalizar os conceitos, princípios e procedimentos matemáticos presentes nos problemas apresentados.
>
> (Romanatto, 2012, p. 303)

Diante disso, o professor deve ser um agente preparado para o que possa acontecer em sala de aula. Devido à natureza da resolução de problemas, o educador deve ter paciência com as diferentes respostas que possam surgir e manter uma atitude positiva perante qualquer coisa que possa acontecer e que não tenha sido prevista. Esse assunto até pode ser um pouco incômodo, pois, como professores, estamos acostumados a ter tudo devidamente planejado e pensado, mas isso se esfacela quando estamos diante da resolução de problemas. Portanto, o professor deve estar preparado para qualquer desafio que se apresente durante o desenvolvimento da resolução, o que supõe um domínio geral sobre a matemática, conforme apresenta Romanatto (2012, p. 304):

a. Conhecer os grandes problemas que originaram a construção de determinado assunto;
b. Conhecer as orientações metodológicas empregadas na construção de determinada parte da Matemática;
c. Conhecer os obstáculos epistemológicos ou didáticos relacionados aos mais diversos conteúdos da Matemática;
d. Saber selecionar conteúdos adequados e que sejam acessíveis aos estudantes e suscetíveis de interesse;
e. Ter algum conhecimento dos assuntos matemáticos atuais;
f. Estar preparado para aprofundar conhecimentos assim como adquirir outros e
g. Ter conhecimentos de pesquisas em educação matemática.

Essa postura do professor, somada ao desenvolvimento da aula baseado na resolução de problemas, pode ajudar consideravelmente os estudantes. Colocar o aluno diante de situações como essa pode levá-lo ao aprimoramento da matemática por meio da exploração do problema, à investigação possível para resolvê-lo, ao estabelecimento e à validação de conjeturas, à tomada de decisões, à busca de generalizações e padrões na situação, além de promover as capacidades de identificar, discutir e comunicar suas ideias ante a resolução do problema.

Assim, entendemos que na resolução de problemas, os estudantes vão exercitar as suas mais diversas capacidades intelectuais como também mobilizar estratégias das mais diversas naturezas para encontrar a resposta, tais como: criatividade, intuição, imaginação, iniciativa, autonomia, liberdade, estabelecimento de conexões, experimentação, tentativa e erro, utilização de problemas conhecidos, interpretação dos resultados etc. (Romanatto, 2012, p. 303)

Importante destacar a relevância da autonomia do estudante quando está diante da resolução de um problema. No entanto, é importante promover um trabalho conjunto com o professor, que é o responsável por orientar o desenvolvimento da atividade em questão. Dessa forma, o aluno pode decidir e fazer, mas sob a guia do professor.

O papel do estudante reside no fato de que ele deve procurar a solução, investigar, fazer propostas que ajudem na resolução do problema, pois é nesse momento que ele pode expor o que sabe e pensa, promovendo, assim, a comunicação e a discussão, trocando ideias com seus colegas para que juntos possam resolvê-lo. Já o papel do professor nesse momento é de guia e orientador que promove o desempenho dos estudantes. Sem a intervenção do educador, a aprendizagem corre o risco de estar aquém dos objetivos pedagógicos.

Levando a resolução de problemas ao contexto de estudantes com necessidades especiais, as vantagens também são as mesmas, especialmente por ajudar no desenvolvimento da autonomia dos estudantes. Só que, nesse caso, é importante considerar o tipo de necessidade deles. Assim como no ensino comum, no ensino especial é relevante que as crianças e os adolescentes possam desenvolver a habilidade de compreender um determinado problema. Para isso, o professor deve apresentá-lo com uma linguagem adaptada às necessidades delas. Essa é uma das razões pelas quais o papel do professor é tão importante, tanto na elaboração dos problemas como no decorrer de sua resolução, além de significar, para os alunos, a relevância do conceito matemático estudado e de como tal conceito pode ser aplicado em outros contextos.

Quando estamos diante de situações-problema para que o estudante resolva, é fundamental a utilização de diferentes representações, a fim de que o aluno consiga compreender o que significa cada uma delas. Estas podem ocorrer em formato de gráficos, tabelas, desenhos, entre outros. O importante é que facilitem aos estudantes o entendimento do problema que precisa ser resolvido.

O uso de tais representações deve estar condicionado às necessidades dos estudantes. Logo, é necessário que o professor conheça as diferentes alternativas que existem atualmente, para que conte com diversas ferramentas que possibilitem a organização do ensino a partir da resolução de problemas. Pela versatilidade dessa tendência, ela pode ser mesclada com as demais, como já comentamos anteriormente – o que vai depender da criatividade do professor.

Independentemente da condição do estudante, o professor deve avaliar o raciocínio que está sendo desenvolvido pela criança ou pelo adolescente, e não focar apenas no resultado, porque consideramos que é nesse desenvolvimento que podemos perceber se o aluno está ou não aprimorando o conceito matemático em questão. Nesse sentido, é importante desenvolver as capacidades de ler e compreender o problema apresentado, já que isso vai influenciar muito no decorrer da resolução. Portanto, a comunicação com o estudante precisa ser clara, e o professor deve se apoiar nas diferentes ferramentas que existem para essa finalidade.

A resolução de problemas como metodologia de ensino representa um desafio para o professor porque a leitura e a interpretação do problema podem ser um grande diferencial para sua resolução. Isso se torna mais complexo ainda quando aplicado a estudantes com necessidades especiais. Diante isso, como já foi comentado, parte das alternativas é contar com as capacidades necessárias e utilizar os diferentes materiais possíveis que possam ajudar o aluno a ser parte da resolução do problema, a fim de que se sinta incluído no desenvolvimento da resolução.

Com isso, queremos dizer que devemos criar as condições necessárias para que se mantenha a qualidade do ensino, independente da condição do estudante, garantindo sua inclusão e participação na resolução dos problemas propostos para aprender matemática.

Para finalizar este tópico, destacamos a relevância de se conhecer as condições dos estudantes, já que disso depende a elaboração dos problemas. Sem essa conexão, fica difícil que tais problemas possam ajudar o estudante na aprendizagem da matemática. É importante ter cuidado e consideração em relação aos diferentes fatores que podem surgir, pois eles estão relacionados ao processo de ensino-aprendizagem. Assim, devemos refletir sobre o que estamos utilizando para ensinar matemática aos estudantes com necessidades especiais, já que, além de aprender essa disciplina, eles também vão adquirir habilidades e capacidades para seu desenvolvimento no contexto social e de sua autonomia.

Síntese

Neste capítulo, apresentamos alguns elementos e tendências que podem ser utilizados para o ensino-aprendizagem da matemática no contexto da educação especial. Analisamos aspectos relacionados à história da matemática, ao erro, às TICs, aos jogos e à resolução de problemas de matemática de forma geral para a educação, com destaque para o papel relevante que tais elementos possuem na educação especial. Consideramos que os benefícios que eles podem trazer para o ensino comum são iguais para a educação especial, mas, para este alunado, devemos levar em conta as condições dos estudantes antes de utilizar os elementos e as tendências explicados, pois uma das coisas que procuramos promover é a inclusão e, consequentemente, o trabalho colaborativo entre os estudantes, independente de sua condição.

Indicações culturais

ALMOULOUD, S. A. Diálogos da didática da matemática com outras tendências da educação matemática. **Caminhos da Educação Matemática em Revista**, v. 9, n. 1, p. 145-178, 2019. Disponível em: <https://aplicacoes.ifs.edu.br/periodicos/index.php/caminhos_da_educacao_matematica/article/view/301/0>. Acesso em: 25 fev. 2021.

> Nesse artigo, o professor Saddo Almouloud se dedica a apresentar algumas ideias em relação às concepções de didática da matemática da escola francesa, além de abordar algumas articulações com as tendências da educação matemática e áreas afins.

GRUPO AUTÊNTICA. **Tendências em educação matemática**. Disponível em: <https://grupoautentica.com.br/autentica/colecoes/16>. Acesso em: 11 jun. 2021.

Nessa página, você encontrará diversos livros sobre as diferentes tendências que podemos encontrar sobre a educação matemática, incluindo a matemática inclusiva.

Atividades de autoavaliação

1. Qual é o papel do professor no uso das tendências/metodologias apresentadas neste capítulo?
   a) Guia.
   b) Orientador.
   c) Promotor.
   d) Todas as alternativas anteriores estão corretas.

2. Como o erro deve ser visto na educação matemática?
   a) Não é permitido nas aulas.
   b) Uma falha.
   c) Uma oportunidade para aprender.
   d) Nenhuma das alternativas anteriores está correta.

3. Sobre a resolução de problemas, marque a alternativa correta:
   a) É a única tendência na educação matemática.
   b) É uma das tendências da educação matemática.
   c) Não é uma tendência na educação matemática.
   d) É a única forma de abordar a matemática.

4. Como podem ser os jogos matemáticos?
   a) Apenas de materiais tangíveis.
   b) Apenas virtuais.
   c) Tangíveis e virtuais.
   d) Não existem jogos matemáticos educativos.

5. Marque a alternativa que apresenta uma ferramenta para o ensino da Matemática:
   a) GeoGebra.
   b) Scratch.
   c) App inventor.
   d) Todas as alternativas anteriores estão corretas.

Atividades de aprendizagem

Questões para reflexão

1. O que você considera relevante sobre o erro no ensino da Matemática na educação especial?

2. Como você planejaria suas aulas com estudantes surdos para a resolução de problemas de matemática?

Atividade aplicada: prática

1. Neste capítulo, abordamos algumas alternativas para o ensino da Matemática que podem ser utilizadas na educação especial. Portanto, nesta atividade, apresentaremos um problema simples que pode ser usado nesse processo. Escolhemos esse problema devido ao fato de ser uma situação que pode se apresentar para o estudante, na qual é possível que surjam erros que podem se tornar oportunidades de aprendizagem.

Problema: Liz foi ao mercado comprar arroz. Quando ela viu os preços dos pacotes de 1 kg, percebeu que variavam entre R$ 3,00 e R$ 5,00. Ainda, ela reparou que havia pacotes de 2 kg entre R$ 5,00 e R$ 7,00 reais e também outros pacotes de 5 kg entre R$ 12,00 e R$ 15,00 cada um. Ela decidiu pela marca que mais gosta. Os valores dos pacotes estão apresentados na Tabela 5.1, a seguir.

Tabela 5.1 – Valores dos pacotes de arroz

Kg	Preço
1	R$ 3,70
2	R$ 6,30
5	R$ 14,30

A partir desses valores, em termos de custo-benefício, qual pacote seria o melhor para comprar?

Nesse simples problema, a ideia é que o estudante reflita sobre o valor do custo-benefício em comprar cada pacote. Como professores, devemos guiá-los para que determinem o valor de cada quilograma em cada pacote. Assim, ao perceberem os valores de cada quilo, eles poderão decidir qual é o melhor para comprar a partir do benefício que se recebe. O problema que pode se apresentar seria em relação à divisão que precisa ser realizada: O que se deve dividir: o quilo pelo preço ou o preço pelo quilo? Essas e outras reflexões podem ser propostas aos estudantes. Lembre-se de que podem ser utilizadas diferentes ferramentas que facilitem a comunicação e a resolução do problema.

Capítulo 6
Ensino da Matemática na educação especial

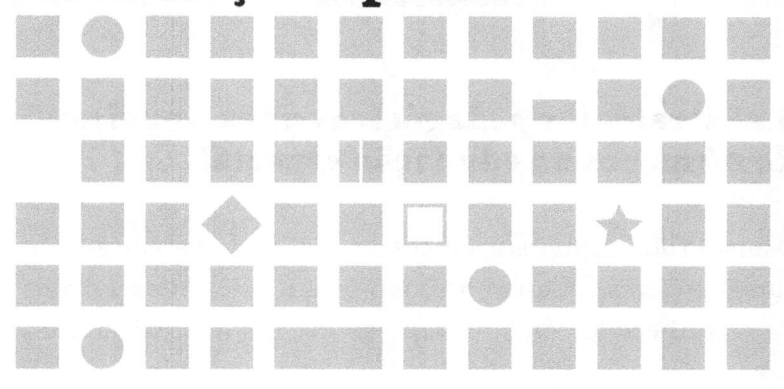

Neste capítulo, apresentaremos algumas estratégias para o ensino de diferentes conteúdos da Matemática na educação especial. Para isso, dividimos tais estratégias conforme as áreas da matemática. Assim, no ensino de números, álgebra, grandezas e medidas, geometria e estatística e probabilidade, abordaremos algumas estratégias de trabalho com alunos que apresentam deficiências que conhecemos atualmente, com o intuito de proporcionar várias alternativas diferentes a serem utilizadas em sala de aula.

Como vimos anteriormente, para o ensino de qualquer conteúdo da Matemática, devemos considerar o nível e a condição na qual o estudante se encontra. Isso é o principal para qualquer estratégia que possamos utilizar. Além disso, é importante considerarmos qual seria a tendência da educação matemática que vamos utilizar. Acreditamos que, a depender da condição, determinada estratégia pode ser mais adequada que outra, mas isso depende muito do professor – o responsável por realizar o planejamento da aula e organizar seu desenvolvimento.

Esperamos que tais estratégias representem boas alternativas para que você possa elaborar suas próprias táticas conforme as necessidades de seus alunos.

6.1 Estratégias pedagógicas para o ensino de números na educação especial

O ensino dos números acontece em todos os níveis de ensino, começando pelo aprimoramento das diferentes formas de reconhecê-los em sua representação até as diferentes representações segundo o conjunto numérico que está sendo estudado. Nesse sentido, para que tal aprendizagem possa ser atingida, a alfabetização numérica nos anos iniciais deve ser garantida e, para isso, o professor deve considerar as diferentes condições dos estudantes e pensar em quais tendências utilizadas para o ensino da Matemática podem auxiliar para que a aprendizagem seja alcançada. A partir disso, neste subcapítulo, apresentaremos algumas estratégias conforme as condições dos alunos.

Estratégia 1

Quadro 6.1 – Ficha de identificação da estratégia 1 para o ensino de números

FICHA DE IDENTIFICAÇÃO DA ESTRATÉGIA		
Componente curricular: Matemática		
Unidades temáticas BNCC (X) Números		
Deficiência ou diagnóstico: Visual Auditiva	**Idade:** A partir dos 7 anos	**Materiais, recursos e adaptação:** • grãos ou materiais do mesmo tipo para serem contados; • para o deficiente auditivo, será necessário um intérprete.
Objetivo da aula: apresentar os números de forma inicial até o 9, no máximo.		

Para os estudantes com deficiência visual, um aliado importante é a escuta. Pensando nas diferentes tendências da educação matemática, consideramos que uma boa alternativa é o uso da história da disciplina. Contar uma história para os estudantes sobre o surgimento dos números pode representar uma boa oportunidade para que eles possam vincular a necessidade do homem ao surgimento dos números e, assim, dotar de sentido o que estão aprendendo.

A seguir, apresentaremos uma história que pode ser contada aos alunos em uma aula inicial para justificar, de alguma forma, por que os números existem.

O surgimento do contar

No começo da civilização, o homem coletava e caçava seus alimentos para sua subsistência e seu desenvolvimento no mundo. Era a forma pela qual se podia sobreviver naquele tempo, já que não se contava com as tecnologias que existem atualmente. Aos poucos, os homens foram se organizando em pequenas comunidades e, de forma colaborativa, buscavam o que comer, onde morar e o que vestir. Com o propósito de se organizar, começaram a ter a necessidade de saber o quanto tinham de comida e de vestimentas, bem como o que seria repartido entre as famílias da comunidade. A partir desse momento, passou-se a registrar em tábuas o que se possuía, por meio de palitos ou linhas, sendo que cada palito ou linha representava uma de suas coisas. Por exemplo, para um homem saber quantas maçãs tinha, desenhava, na tábua, um palito para cada fruta. Assim, registrava quantas maçãs tinha. Isso era realizado com cada um dos tipos de alimentos que possuíam. Além disso, os homens começaram a criar animais, o que também representou a necessidade de saber quantos tinham de cada espécie.

> A partir dessas necessidades, foram criados os números, para contar o quanto eles tinham de comida e de animais. Assim, podemos afirmar que os números são representações que nos ajudam a contar qualquer coisa que desejamos.

O relato sobre o ato contar, nessa história, pode ser complementado com uma atividade desenvolvida em grupos. Nessa atividade, pode-se entregar aos estudantes um conjunto de dez grãos ou de qualquer outro material, pedir que os separem de um em um e os coloquem em cima de suas mesas. A ideia é introduzir os nomes de cada um dos números. Por exemplo, pode-se ensinar que um grão representa o número 1; depois, o aluno acrescenta mais um grão, e o professor indica que, agora, o estudante possui dois grãos, e que essa quantidade que tem na mão corresponde ao número 2, e assim por diante. Se o estudante está sendo alfabetizado em braille, seria bom começar a representar os números em sua linguagem.

Tal estratégia também pode ser utilizada com estudantes com deficiência auditiva. Embora eles tenham essa condição, com o apoio do professor de Libras, eles podem fazer parte da atividade, contanto que as instruções sejam claramente fornecidas. No caso de estudantes com deficiência física, esse trabalho também pode ser promovido, já que o fato de escutar a história os levará a refletir sobre a situação apresentada, promovendo o trabalho colaborativo com os outros estudantes para que as crianças deficientes se sintam incluídas na situação.

Estratégia 2

Quadro 6.2 – Ficha de identificação da estratégia 2 para o ensino de números

FICHA DE IDENTIFICAÇÃO DA ESTRATÉGIA		
Componente curricular: Matemática		
Unidades temáticas BNCC (X) Números		
Deficiência ou diagnóstico: Deficiência intelectual Transtornos globais de desenvolvimento	**Idade:** A partir dos 7 anos	**Materiais, recursos e adaptação:** • folhas coloridas; • folhas brancas; • canetas; • adesivos; • tesoura.
Objetivo da aula: apresentar os números de forma inicial até o 5.		

No caso do deficiente intelectual, a interação representa uma alternativa importante, já que, para se apropriar das ideias, ele tem de vivenciar, ter a experiência com o conceito. Nesse sentido, consideramos que atividades lúdicas ou práticas com o uso de materiais tangíveis podem ser significativas. Se utilizamos o mesmo contexto de uma aula inicial sobre os números, podemos fazer uso da estratégia apresentada pela professora Janaina Spolidorio (2017) em seu vídeo, disponível no YouTube, "Ensinando números para alunos com dificuldades", no qual ela apresenta uma atividade que precisa ser desenvolvida pelos estudantes com o professor.

Nessa atividade, o estudante começará a identificar os números do 1 ao 5 utilizando sua mão, mas complementando com outras representações do número, tanto de forma numérica como em formato de palito e ponto, tal como se apresenta na imagem a seguir (Figura 6.1):

Figura 6.1 – Captura do vídeo "Ensinando números para alunos com dificuldades"

Janaina Spolidorio, especialista em Neuroeducação

Fonte: Spolidorio, 2017.

A ideia é fazer esse procedimento até o número 5, já que até esse número é possível representar utilizando uma única mão como referência. Para isso, os materiais que podem ser usados para a atividade são folhas coloridas, uma folha branca, caneta, adesivo e tesoura. A intenção é colocar na folha colorida as diferentes representações do número que está sendo indicado com a mão.

Assim, deve-se desenhar na folha branca o contorno da mão da criança, a fim de lhe mostrar como se faz determinado número com a mão dela (por exemplo, o número 3) e, em seguida, fazer o mesmo com a mão feita de papel. Em seguida, deve-se apresentar a forma numérica em quadrados pequenos de folha branca, tal como na imagem anterior. Cada uma das representações deve ser feita na folha colorida para destacar as diferentes formas pelas quais o número realçado pode ser utilizado. Assim que os números de 1 até 5 forem abordados, pode-se começar a realizar somas com o uso dos dedos, a fim de apresentar, aos poucos, os outros números que surgirão de tais somas.

Estratégia 3

Quadro 6.3 – Ficha de identificação da estratégia 3 para o ensino de números

FICHA DE IDENTIFICAÇÃO DA ESTRATÉGIA		
Componente curricular: Matemática		
Unidades temáticas BNCC (X) Números		
Deficiência ou diagnóstico: Altas habilidades ou superdotação	**Idade:** A partir dos 7 anos	**Materiais, recursos e adaptação:** • folhas brancas; • canetas; • jogo de memória com representações numéricas tanto em número como em palitos que correspondam a cada número.
Objetivo da aula: apresentar os números de forma inicial até o 9.		

No caso da superdotação, os estudantes precisam ser motivados por situações desafiadoras, para que sua demanda cognitiva seja satisfeita. Diante disso, podem ser utilizadas situações baseadas nas que se realizam para a turma em geral ou para os estudantes com deficiência, mas com questionamentos que os convidem a refletir sobre o que estão desenvolvendo.

Por exemplo, se decidimos utilizar com eles a história apresentada para os estudantes com deficiência visual, seria interessante que essa história fosse complementada com a resolução de problemas que estejam no mesmo contexto da história, mas com maior complexidade que a apresentada. Sugerimos que, com tais alunos, se trabalhe com desenhos que representem os alimentos e animais de cada comunidade a que pertencem. Uma vez que estejam em posse de tais desenhos, podem-se propor algumas das seguintes questões:

- Se na comunidade existem três famílias com três integrantes cada uma, como repartir a quantidade de alimentos?
- Como realizar essa repartição?
- Se ocorrer de nem todos ficarem com a mesma quantidade de alimentos, por que isso pode ter acontecido?

Consideramos, então, que o jogo pode ser mais desafiador para o estudante. Como esse momento serve para iniciar a aproximação com os números, tal jogo pode ser de memória, contendo os números de 1 até 9, mas com diferentes representações. Em um primeiro momento, o jogo de memória pode se dar com as representações numéricas e, na medida em que o aluno consiga obter pares de número iguais, deve-se informar a ele o nome do número correspondente.

Em um segundo momento, o jogo de memória pode ocorrer com a utilização dos números em palitos, a fim de propor uma representação quantificável do número, e, da mesma forma que anteriormente, na medida em que pares de números iguais são obtidos, o número que corresponde à quantidade encontrada é informado.

No último momento, o jogo de memória deve ser composto por uma carta de cada representação. Ou seja, para encontrar o número 1, o estudante deve achar a carta com esse número de forma numérica e, também, sua representação em palito, a fim de verificar se, de fato, ele já consegue relacionar as duas representações. Nesse último momento, os alunos devem se desenvolver de forma mais autônoma até o final da atividade. Ao terminarem, o professor pode discutir a respeito dos acertos e dos erros. Caso muitos erros sejam percebidos, será interessante repetir o jogo depois da discussão, para dar aos alunos a oportunidade de melhorar o resultado.

6.2 Estratégias pedagógicas para o ensino de álgebra na educação especial

No caso da álgebra, ela vai sendo introduzida aos poucos no decorrer do sistema de ensino, uma vez que os estudantes já iniciaram uma alfabetização numérica. Ela começa sendo utilizada com base em problemas que precisam ser resolvidos e, com o passar do tempo, vai se tornando mais abstrata. Porém, é necessário que as estratégias desenvolvidas ajudem o aluno no aprimoramento dos conteúdos abordados sem perder o fator de abstração que é inerente à álgebra. Em um primeiro momento, pensamos que a melhor forma de abordar essa temática é partir da resolução de problemas para conferir sentido ao assunto, mas, em algumas situações, isso deve ser repensado, já que depende da condição do estudante.

Estratégia 1

Quadro 6.4 – Ficha de identificação da estratégia 1 para o ensino de álgebra

FICHA DE IDENTIFICAÇÃO DA ESTRATÉGIA		
Componente curricular: Matemática		
Unidades temáticas BNCC (X) Álgebra		
Deficiência ou diagnóstico: Visuais Auditiva Física	**Idade:** A partir dos 13 anos	**Materiais, recursos e adaptação:** • placa de cortiça; • folhas de etil vinil acetato (EVA); • tesoura; • cortador; • cola; • régua.
Objetivo da aula: estudar monômios e polinômios.		

Apresentaremos uma estratégia que pode ser utilizada com deficientes visuais, auditivos e físicos, já que o desenho dos materiais revela uma versatilidade que lhes permite serem utilizados com estudantes com ou sem essas condições. O material, apresentado por Dias e Panossian (2018), é manipulável, de baixo custo e resistente, para ser utilizado em diferentes oportunidades. Originalmente, as autoras apresentaram o material para estudantes com deficiência visual, porém, ele também pode ser usado com quem não apresenta essa deficiência, o que o torna adaptável para estudantes com outras deficiências.

Com o material, as autoras representaram incógnitas em objetos tangíveis, com texturas e cores particulares. Para isso, utilizaram uma placa de cortiça cuja espessura era de 0,5 cm e, também, folhas de EVA de cor vermelha, cuja espessura era de 0,2 cm. A cortiça e a EVA foram coladas uma sobre a outra de tal forma que restaram duas texturas diferentes de cada lado, cada uma com uma cor.

A cor vermelha foi utilizada para representar a incógnita negativa, enquanto a cortiça ficou em sua cor original, que representava a incógnita positiva. Com as duas placas coladas, elas foram recortadas de três formas: quadrados grandes, quadrados pequenos e retângulos. A medida dos lados era a seguinte: dois lados opostos com a medida do quadrado grande e os outros dois lados opostos com a medida do quadrado pequeno. O tamanho de cada um foi suficientemente grande para que pudesse ser manipulado e o aluno sentisse sua textura, especialmente os estudantes com deficiência visual.

Ao final, foram criados 96 quadros grandes, 576 quadrados pequenos e 240 retângulos, sendo cada um deles composto por uma face de cortiça e outra face de EVA na cor vermelha. Esse material foi segmentado em 16 *kits* para serem repartidos entre os estudantes, os quais seriam divididos em pares. Cada *kit* continha 6 quadrados grandes, 36 quadrados pequenos e 15 retângulos (Figura 6.2).

Figura 6.2 – *Kit* entregue a cada grupo de estudantes

Fonte: Dias; Panossian, 2018, p. 417.

Ao apresentar esse material aos estudantes, foram considerados os formatos (quadrado grande, quadrado pequeno e retângulos), as texturas e as cores. No Quadro 6.5, Dias e Panossiam (2018) apresentam como foi representado cada monômio com esses materiais confeccionados.

Quadro 6.5 – Representação de monômios

Representação geométrica do monômio	Descrição do material	Representação algébrica do monômio
	Quadrado (9 × 9 cm) com a superfície da cortiça voltada para cima.	x^2
	Quadrado (9 × 9 cm) com a superfície do EVA voltada para cima.	$-x^2$
	Retângulo (9 × 1,5 cm) com a superfície da cortiça voltada para cima	xy
	Retângulo (9 × 1,5 cm) com a superfície do EVA voltada para cima.	$-xy$
	Quadrado (1,5 × 1,5 cm) com a superfície da cortiça voltada para cima.	y^2
	Quadrado (1,5 × 1,5 cm) com a superfície do EVA voltada para cima.	$-y^2$

Fonte: Dias; Panossian, 2018, p. 418.

A partir disso, as autoras também apresentaram as medidas algébricas que dizem respeito a cada um dos quadriláteros elaborados (Quadro 6.6):

Quadro 6.6 – Medidas algébricas dos quadriláteros elaborados

Quadrilátero	Medida dos lados	Perímetro	Área
Quadrado grande	x	$4x$	x^2
Retângulo	x (lado maior) y (lado menor)	$2x + 2y$	xy
Quadrado pequeno	y	$4y$	y^2

Fonte: Dias; Panossian, 2018, p. 419.

Com isso, é possível discutir com os estudantes a forma de representar diferentes polinômios, os quais devem ser propostos pelo professor. Essa etapa pode ser realizada em três momentos:

I. No primeiro momento, o professor explica como representar certos polinômios, demonstrando como o material pode ser utilizado, considerando tanto a textura quanto as cores.
II. No segundo momento, o professor apresenta vários polinômios, que devem ser representados pelos alunos sem a ajuda do educador, que deve apenas promover a interação, a discussão e a reflexão entre os colegas de cada grupo.
III. No último momento, o professor pode fazer uma discussão coletiva com os estudantes sobre as diferentes respostas que podem ser obtidas. Ele deve estar atento a qualquer erro que possa acontecer, já que isso pode representar uma oportunidade para promover a reflexão com a turma.

Consideramos que essa mesma estratégia pode ser utilizada para estudantes com altas habilidades, já que, segundo Dias e Panossian (2018), com esse material, podem ser exploradas operações entre polinômios, o que representaria um desafio para tais alunos. Isso pode ser realizado de forma progressiva, começando pela soma e pela subtração, para depois passar para a multiplicação e a divisão de polinômios. Em seu trabalho, as autoras mostram como pode ser realizada a abordagem das operações, abordando os passos que devem ser seguidos. O uso desse material pode ser complementado por outros recursos, como lápis e papel, a fim de que os estudantes possam representar numericamente os polinômios feitos com o material utilizado. Dessa forma, haveria uma representação formal do polinômio.

Estratégia 2

Quadro 6.7 – Ficha de identificação da estratégia 2 para o ensino de álgebra

FICHA DE IDENTIFICAÇÃO DA ESTRATÉGIA		
Componente curricular: Matemática		
Unidades temáticas BNCC (X) Álgebra		
Deficiência ou diagnóstico: Deficiência intelectual Transtornos globais de desenvolvimento	**Idade:** A partir dos 13 anos	**Materiais, recursos e adaptação:** • folhas brancas; • canetas de cores; • régua.
Objetivo da aula: estudar equações lineares.		

Pensando nas pessoas com deficiência intelectual, uma estratégia que pode ser útil para o ensino de conteúdos algébricos pode ser a representação da balança para o ensino de equações lineares. Como sabemos, para que uma balança esteja em equilíbrio, ela precisa ter o mesmo peso em cada um de seus lados. Portanto, utilizar uma balança, tal como apresentado na Figura 6.3, pode ser de utilidade para discutir o conceito de igualdade da equação, que, nesse caso, está sendo representada pela balança com os pesos em cada lado.

Figura 6.3 – Balança para o estudo de equações lineares

Fonte: Gonçalves, 2021.

Na figura apresentada, há vários pacotes em cada lado da balança. Assim, é importante explicar aos alunos por que a balança se mantém em equilíbrio, demonstrando que, ao mexer em algum dos pacotes, perde-se o equilíbrio. A partir daí, pode-se mencionar a necessidade de determinar o quanto pesam os pacotes desconhecidos. A forma de realizar essa discussão deve ser mais intuitiva no começo e, de acordo com o desenvolvimento do estudante, pode-se introduzir a parte numérica:

$$3x + 5 = 1 + 10$$

Sendo x o peso desconhecido do pacote, e o 3 colocado à frente porque existem três pacotes iguais. Em seguida, pode-se explicar que o sinal de igual (=) representa que estão em equilíbrio e, depois, inserir o que está do outro lado da balança – o pacote de 1 kg mais o pacote de 10 kg. Isso deve ser desenvolvido entre o professor e os estudantes.

Lembre-se de que os alunos com necessidades intelectuais precisam participar ativamente, palpar o que estão aprendendo e ser orientados pelo professor, a fim de que possam aprimorar as ideias apresentadas. Assim, essa estratégia também pode ser utilizada com estudantes com outras condições, mas isso dependerá dos interesses pedagógicos do professor.

6.3 Estratégias pedagógicas para o ensino de grandezas e medidas na educação especial

Quando nos referimos ao ensino de grandezas e medidas, consideramos que uma das formas pelas quais esse conteúdo pode ser abordado é apresentá-lo em contextos particulares, nos quais o estudante precise utilizar referências que lhe permitam calcular ou mensurar determinada caraterística quantificável de qualquer coisa.

Após ser apresentada determinada situação, pode-se refletir com os estudantes sobre a necessidade de contar com um sistema de referência conforme o contexto. Uma das vantagens do ensino de grandezas e medidas é que podemos utilizar uma variedade de contextos diferentes, com diversos materiais e recursos, que podem ser adaptados às condições dos estudantes. A partir disso, o uso de situações contextualizadas pode ser uma estratégia importante para o ensino de conteúdos referentes a grandezas e medidas. Dessa forma, os estudantes podem conferir sentido e aplicabilidade ao conteúdo abordado.

Para uma abordagem das grandezas e medidas, é possível utilizar diferentes estratégias, conforme os conhecimentos prévios dos estudantes em relação ao tema. Para esse caso, apresentaremos algumas sugestões levando em conta a deficiência dos alunos.

Estratégia 1

Quadro 6.8 – Ficha de identificação da estratégia 1 para o ensino de grandezas e medidas

FICHA DE IDENTIFICAÇÃO DA ESTRATÉGIA		
Componente curricular: Matemática		
Unidades temáticas BNCC (X) Grandezas e Medidas		
Deficiência ou diagnóstico: Visuais Física	**Idade:** A partir dos 10 anos	**Materiais, recursos e adaptação:** • corpos geométricos de diversos tamanhos.
Objetivo da aula: estudar de forma empírica a qualidade de grandeza dos objetos.		

Para o caso de estudantes com deficiência visual e física, sugerimos, como estratégia, a utilização de corpos geométricos, os quais podem ser de cinco tipos: quadrado, cone, pirâmide, paralelepípedo e esfera, mas em tamanhos diferentes – por exemplo, três tamanhos diferentes para cada corpo. A ideia, nesse momento, é comparar os que são iguais, tendo a possibilidade de manipular tais corpos para que, no caso dos alunos cegos, eles possam sentir que, embora tenham o mesmo formato, o tamanho varia. Já no caso do deficiente físico, ele pode observar que o tamanho entre os corpos também é diferente, mas com a mesma configuração.

Logo, é possível refletir com os estudantes sobre as caraterísticas qualitativas dos objetos por meio de comparações: um é maior/menor que outro, já que o estudo da grandeza nos permite obter a quantidade de determinada qualidade das coisas. Nesse caso, a qualidade seria o tamanho dos corpos, e de forma intuitiva podemos estabelecer qual deles tem maior quantidade em tamanho. Podemos, dessa forma, desenvolver empiricamente o estudo das grandezas com os estudantes.

Isso também pode ser realizado com alunos que apresentam deficiência intelectual. No entanto, para esses alunos, sugerimos a utilização de objetos que podem se complementar – por exemplo, vários objetos iguais, com diferentes tamanhos. Lembre-se de que, no caso dos estudantes com necessidades intelectuais, eles precisam de acompanhamento e guia constante do professor, complementando com materiais e atividades que os façam se sentir parte do que está sendo estudado. Diante disso, torna-se necessário o uso de diversas ferramentas que os ajudem a se desenvolver para o aprimoramento do conceito, e uma forma de se aproximar da ideia de grandeza é, inicialmente, pela intuição e pela comparação das qualidades entre os objetos.

Estratégia 2

Quadro 6.9 – Ficha de identificação da estratégia 2 para o ensino de grandezas e medidas

FICHA DE IDENTIFICAÇÃO DA ESTRATÉGIA		
Componente curricular: Matemática		
Unidades temáticas BNCC (X) Grandezas e Medidas		
Deficiência ou diagnóstico: Auditiva	**Idade:** A partir dos 10 anos	**Materiais, recursos e adaptação:** • fita métrica de 2 m; • uma corda de 30 cm; • folhas brancas.
Objetivo da aula: estudar e refletir sobre medições e diferentes instrumentos de medida.		

Para os deficientes auditivos, podemos utilizar uma estratégia que pode ser desenvolvida em sala de aula comum: trabalhar com alguma qualidade em comum entre os estudantes, como a altura, por exemplo. Para isso, sugerimos que a turma seja dividida em grupos de cinco estudantes, a fim de que possam comparar as alturas entre eles, e que o estudante surdo esteja acompanhado de seu intérprete. Depois, será entregue a cada grupo uma apostila com as atividades a serem desenvolvidas. Nesse caso, apresentaremos algumas sugestões, mas fica a critério do professor inserir mais atividades. Os materiais necessários para o desenvolvimento da atividade, em cada grupo, são os seguintes: fita métrica de 2 metros; uma corda de 30 cm.

A primeira atividade seria a seguinte: com os alunos organizados em grupos, deve-se levá-los a refletir sobre as características que podem ser medidas e que todos apresentem em comum. Eles terão, por exemplo, dez minutos para refletir sobre isso e fazer uma listagem dessas características.

Após a lista ser realizada, pode-se propor uma conversa com toda a turma para checarem quais foram essas caraterísticas. A ideia é deixar a altura para o final, discutindo com os alunos sobre as diferenças de altura entre eles – por exemplo, que fulano é mais alto que outro, e assim por diante. Na sequência, deve-se propor aos alunos a seguinte pergunta: *Como podemos saber exatamente quanto fulano tem de altura?*

O que pretendemos com essa pergunta é levar o estudante à necessidade de medir, e isso será realizado por meio de duas ferramentas de medida: a corda e a fita métrica.

A segunda sugestão de atividade é a seguinte: sabemos que a altura é uma caraterística que podemos medir. Por isso, é possível utilizar uma ferramenta de medida que foi utilizada em épocas antigas: uma corda. Assim, os alunos podem medir a altura de cada colega até saber quantas cordas mede cada um, colocando os valores obtidos em um quadro, como o Quadro 6.10, a seguir.

Quadro 6.10 – Quadro de registro das medidas I

Nome	Corda

Nesse momento, eles vão perceber que os colegas medem, por exemplo, X cordas mais um pedaço da corda. Isso é estratégico para fazê-los refletir sobre a questão da divisão dessa referência de medida para obter o valor mais próximo ao tamanho do estudante que está sendo medido. Assim, o professor deve solicitar que escrevam os nomes dos colegas acompanhados da quantidade de cordas que corresponde a cada um. Em seguida, deve-se convidá-los a realizar a atividade que apresentaremos a seguir como sugestão.

Atividade 3: agora que a altura de cada aluno é conhecida pela medição feita com a corda, pode-se mudar a ferramenta de medição. Portanto, deve-se promover a utilização da fita métrica para medir a altura de cada aluno e, em seguida, inserir os valores obtidos em um quadro, como o Quadro 6.11, a seguir.

Quadro 6.11 – Quadro de registro das medidas II

Nome	Fita métrica

Na medida em que os alunos desenvolverem esta atividade, perceberão que é mais fácil saber quanto mede cada um deles. Depois, pode-se propor uma série de perguntas para eles refletirem:

- Com qual ferramenta você conseguiu ter uma medida mais exata?
- Por que você acha que a fita métrica é melhor para medir a altura?

- Você conhece algum outro instrumento com o qual se pode medir a altura? Se sim, qual seria?
- O que podemos fazer com a corda para obter uma medida mais exata?

Com esta última pergunta, podemos levar o estudante a refletir sobre a necessidade de "dividir" a corda para obter medidas mais precisas. Tal estratégia pode ser finalizada com a reflexão a respeito das diferentes ferramentas de medida que podem ser utilizadas, discutindo com os alunos sobre o fato de que sempre é preciso, ao medir alguma coisa, contar com um sistema de referência, já que é essencial conhecer a unidade de medida usada.

Estratégia 3

Quadro 6.12 – Ficha de identificação da estratégia 3 para o ensino de grandezas e medidas

FICHA DE IDENTIFICAÇÃO DA ESTRATÉGIA		
Componente curricular: Matemática		
Unidades temáticas BNCC (X) Grandezas e Medidas		
Deficiência ou diagnóstico: Altas habilidades ou superdotação	**Idade:** A partir dos 10 anos	**Materiais, recursos e adaptação:** • um fio; • uma corda; • uma fita adesiva; • uma folha.
Objetivo da aula: estudar o conceito de medida (fração).		

Nesse caso, a atividade a ser desenvolvida deve ser desafiadora para o estudante e, diante isso, consideramos que uma situação desencadeadora de aprendizagem[1] pode se tornar uma aliada importante. Para isso, utilizaremos como estratégia uma história virtual do conceito de fração que surgiu da necessidade de medir, conforme apresentado por Moura, Sforni e Lopes (2017, p. 94-95):

> Cordasmil é um estirador de cordas encarregado pelo Faraó de medir os terrenos que foram distribuídos aos súditos para o cultivo às margens do rio Nilo. Ele mede apenas a lateral dos terrenos, pois a medida de frente, que corresponde à margem do rio, é fixa. O que lhe interessa mesmo é o quanto o Nilo tem de terra cultivável às suas margens, pois os impostos serão cobrados tendo em vista esta porção de terra. Ao medir a lateral do terreno de Unopapiro, o estirador contou 6 cordas inteiras, mas percebeu que sobrava um tanto dessa lateral em que não cabia uma corda inteira. Sabendo que o Faraó exigirá uma representação da medida do terreno de Unopapiro, de que modo deverá proceder Cordasmil para transmitir ao Faraó a dimensão da lateral do terreno medido? Como proceder para representar a parte que não é uma corda inteira? Qual sua proposta para Cordasmil resolver este problema? Faça uma representação de uma situação que possa ter sido vivenciada por Cordasmil e ilustre a situação.

Com essa situação, a qual representa um problema, o professor deve orientar o estudante ao desenvolvimento de uma estratégia que o leve à resolução. Como se percebe na história

---

[1] A esse respeito, pesquise sobre a atividade orientadora de ensino, que se trata de uma perspectiva histórico-cultural para o ensino da Matemática e se refere às situações desencadeadoras de aprendizagem como contextos para a aprendizagem dessa disciplina.

virtual, não há indícios de algo específico da matemática, mas é apresentada uma situação que precisa de uma solução para não incorrer em problemas, nesse caso, com o faraó.

Para o desenvolvimento da resolução desse problema, os estudantes precisarão replicar essa situação. Com isso em mente, o professor deve se organizar previamente com os alunos para a organização dos materiais a serem utilizados. Uma forma por meio da qual se pode replicar essa situação é organizar os estudantes em grupos de três e solicitar que escolham uma parte da sala de aula que representará o seu terreno. Um deles pode fazer o papel do Cordasmil, outro pode escrever as medidas e o terceiro pode conferir a medição, a fim de que não apresente problemas. Diante disso, os materiais a serem usados por cada grupo são:

- um fio, para delimitar o terreno;
- uma corda, que deve ter o mesmo tamanho para todos os grupos;
- uma fita adesiva, para colar as esquinas do terreno;
- uma folha de papel, para registrar as medidas.

A delimitação do terreno pode ser aleatória e, assim como na estratégia anterior, os alunos precisarão dividir a corda em partes menores para se aproximarem da medida exata do terreno. Quando a turma tiver chegado a esse momento, o professor poderá retomar as perguntas presentes na história virtual e fornecer aos alunos um tempo para que reflitam sobre a situação. Depois desse tempo, pode-se começar uma discussão com toda a turma para ver quais ideias surgem. Embora os alunos possam ter a resposta desde o início, seria bom escutar a opinião de vários grupos e, depois, pedir a quem der a resposta correta que a exemplifique.

6.4 Estratégias pedagógicas para o ensino de geometria na educação especial

Para o ensino de geometria na educação especial, o uso de desenhos, materiais manipuláveis e recursos tecnológicos pode ser importante, já que, devido à natureza da geometria, o ver, o explorar e o sentir podem auxiliar no aprimoramento dos conceitos geométricos e levar os alunos às generalizações das ideias estudadas. Como já mencionamos diversas vezes anteriormente, tudo dependerá das condições dos estudantes.

Uma das vantagens da geometria é que, com ela, pode-se trabalhar com formas e cores que didaticamente facilitam o aprendizado dos conceitos abordados. A partir disso, apresentaremos algumas estratégias que podem ser desenvolvidas com os estudantes com necessidades especiais para a aprendizagem da geometria, as quais devem ser desenvolvidas de forma a chamarem a atenção deles e fazê-los perceber que as coisas em nosso entorno são geométricas.

Nesse sentido, consideramos que as estratégias de Kaleff, Rosa e Oliveira (2016) podem representar um apoio importante para o professor. Os autores apresentam um catálogo composto por materiais concretos e virtuais para o ensino da geometria no contexto da matemática Inclusiva, o qual foi desenvolvido no Laboratório de Ensino de Geometria da Universidade Federal Fluminense (UFF). O catálogo apresentado pelos autores possui fichas com as seguintes informações dos recursos didáticos: objetivos; idade mínima do estudante que pode realizar a atividade; conhecimentos prévios para realizar a atividade; fotos do recurso; descrição da atividade;

e referências. Cada uma dessas fichas foi identificada com uma cor, da seguinte forma:

- vermelho corresponde a recursos educacionais;
- azul representa experimentos educacionais concretos;
- verde-escuro corresponde a experimentos educacionais digitais;
- verde-claro se aplica aos *softwares* que compõem experimentos educacionais digitais.

Além da identificação por cores, cada ficha tem um logo indicando que corresponde ao Laboratório de Ensino de Geometria, mas outras apresentam o mesmo logo, porém, com o acréscimo de óculos escuros, destacando que o recurso em questão foi adaptado para estudantes com cegueira.

Uma das estratégias utilizadas pelos autores foi o uso de jogos artísticos geométricos de forma virtual, por meio de três *softwares*: um para o Mosaico dos Lagartos, com o qual pretendia-se estabelecer as relações geométricas na posição das peças; e os outros dois para o Jogo do Lagarto e o Jogo do Lagarto Geométrico, com os quais procurava-se vincular polígonos a formatos diferentes e definir as relações entre suas áreas, com o intuito de que os alunos percebam que são equivalentes. Além disso, promoveu-se a realização de movimentos simétricos, translações e rotações no plano para que os estudantes compreendessem que há relações entre as formas e dimensões das figuras que compõem as peças dos jogos.

Esse experimento educacional foi adaptado para estudantes com deficiência visual, utilizando recursos educativos correspondentes a essa estratégia tanto de modo virtual quanto concreto.

Além dessas estratégias, os autores apresentam outras que estão direcionadas ao ensino dos cinco primeiros axiomas de Euclides, isto é, aos conceitos de curvas de nível e medidas de comprimentos, todas desenvolvidas com materiais manipuláveis para que os estudantes com deficiência visual possam também utilizá-las. Além disso, há as estratégias utilizadas por Mamcasz-Viginheski et al. (2017), que revelam de que maneira estudantes com deficiência visual formam conceitos geométricos e algébricos a partir das estratégias utilizadas.

Para estudantes com altas habilidades e superdotação, pode ser realizada uma atividade utilizando como estratégia as tecnologias digitais, com o intento de promover nos alunos a exploração e a visualização, a fim de lhes propor perguntas que precisem ser respondidas por meio da experimentação e da interatividade com o recurso. Por exemplo, no *site* GeoGebra há um recurso intitulado "Quadriláteros" (Santos, 2021), no qual estão dispostos vários quadriláteros que podem ser arrastados por seus vértices para se estudar as suas propriedades. Uma das vantagens dos recursos do GeoGebra é que eles podem ser modificados e adaptados às necessidades da turma – nesse caso, com alunos a partir dos 10 anos de idade.

Sugerimos que os quadriláteros tenham as cores trocadas de tal forma que cada um possua uma cor diferente. Nesse sentido, pode-se entregar ao estudante um quadro, como o que consta a seguir (Quadro 6.13), para ser preenchido.

Quadro 6.13 – Informações sobres os quadriláteros

Cor do quadrilátero	Medida dos ângulos	Medida dos lados	Nome do quadrilátero	Definição do quadrilátero

O propósito para utilizar esse quadro é que o estudante, ao explorar e interagir com o recurso, possa ir estabelecendo as propriedades dos quadriláteros, inicialmente identificando-os por cor e, depois, com a orientação do professor, informando os nomes de cada um deles. Se conhecerem o nome de alguns, então se deve deixar que escrevam. Além disso, a partir das propriedades que os estudantes estão conseguindo visualizar ao experimentar com o recurso, eles podem formular suas próprias ideias.

Essa estratégia também pode ser utilizada com alunos com deficiência auditiva e física, já que, com a orientação dos professores, tais estudantes podem desenvolver suas próprias ideias sobre o conceito que está sendo abordado. É interessante realizar esse tipo de atividade em equipes de estudantes – pelo menos, em grupos de duas pessoas –, pois o trabalho colaborativo pode se tornar de grande importância para o desenvolvimento do aluno com necessidades especiais.

6.5 Estratégias pedagógicas para o ensino de probabilidade e estatística na educação especial

O ensino de probabilidade e estatística na educação geral tem um caráter importante, uma vez que promove o entendimento de informações, gráficos, tabelas etc. que nos são apresentados por determinado tema. Consideramos, então, que seu estudo pode contribuir para o desenvolvimento social e cultural do estudante como cidadão. Diante disso, a aprendizagem dessas ciências deve se realizar por meio de situações específicas que permitam adquirir habilidades de leitura e interpretação de um conjunto de dados com base em diferentes representações. Portanto, as estratégias que apresentaremos estão direcionadas ao entendimento de como elas funcionam e podem ser utilizadas, com o intuito de desenvolver no estudante as capacidades de compreender gráficos e tabelas. Como ocorreu com as anteriores, tal estratégia deve ser estruturada considerando as condições dos estudantes.

Estratégia 1

Quadro 6.14 – Ficha de identificação da estratégia 1 para o ensino de probabilidade e estatística

FICHA DE IDENTIFICAÇÃO DA ESTRATÉGIA		
Componente curricular: Matemática		
Unidades temáticas BNCC (X) Probabilidade e Estatística		
Deficiência ou diagnóstico: Visual Auditiva Física	**Idade:** A partir dos 12 anos	**Materiais, recursos e adaptação:** • dado de seis faces; • folhas com as perguntas da atividade.
Objetivo da aula: estudar inicialmente o conceito de probabilidade.		

Uma primeira estratégia que queremos apresentar é um jogo simples, mas importante para aproximar os estudantes da ideia de probabilidade, conceito sobre o qual talvez já tenham ouvido falar, mas que, provavelmente, não entendem. Esse jogo pode ser realizado com estudantes com deficiência visual, auditiva e física. A atividade utiliza um dado de seis faces e, para ser desenvolvido, sugerimos dividir a turma em equipes de seis pessoas integrantes, para que a cada um corresponda uma face do dado. Este deve ser suficientemente grande para que o aluno com deficiência visual possa sentir a quantidade de pontos que há em cada uma das faces. Uma vez criado os grupos, deve-se entregar a cada um deles uma folha com o quadro apresentado a seguir.

Quadro 6.15 – Quadro de registro do número de vezes em que o número escolhido saiu

N°	Nome	Número de vezes em que o número saiu	Total de pontos
1			
2			
3			
4			
5			
6			

As regras do jogo são as seguintes:

I. Cada estudante do grupo deve escolher uma face dado.
II. Depois de escolher a face, segundo o número escolhido, deve-se colocar o nome do estudante no quadro – por exemplo, se "fulano" escolheu a face três, então o nome dele vai escrito em 3.

III. Após a organização dos grupos e a escolha das faces do dado, este deve ser lançado aproximadamente cem vezes; e, cada vez que parar, deve-se anotar um ponto à pessoa correspondente. Por exemplo, se saiu o número 3, então será marcado um ponto para "fulano" no espaço do quadro destinado para isso.
IV. Cada um dos integrantes tem o direito de conferir o valor que saiu no dado, podendo ser de forma visual ou, para o caso de estudantes com deficiência visual, por meio do tato.
V. Os pontos serão somados e o resultado final será colocado na coluna destinada para isso. O ganhador terá a honra de compartilhar com seus colegas da turma os resultados.

No caso de deficientes auditivos, é necessária a participação do professor intérprete para lhes explicar as regras do jogo. Além disso, o educador pode passar pelos grupos e orientar os alunos, se necessário. Depois de os grupos lançarem os dados cem vezes, deve-se propor uma aposta entre os grupos, podendo o professor escrever na lousa os resultados obtidos pelos estudantes. Em seguida, deve-se propor as seguintes perguntas para cada grupo:

- Quem no grupo teve a maior quantidade de pontos?
- Escreva de forma decrescente a pontuação de cada membro.
- Há algo em comum nos resultados?
- Como cada estudante do grupo obteve essa pontuação?
- Como podemos saber quantas vezes pode sair uma determinada face do dado?

Com essas perguntas, a intenção é fazer o estudante se conscientizar do fato de que é necessário determinar as possibilidades de determinada face resultar do lançamento do dado. É a isso que se chama *probabilidade*.

Essa atividade pode ser complementada com outro jogo, mas, em vez de se usar dados, pode-se utilizar moedas. Tal jogo terá a mesma lógica de desenvolvimento, já que os estudantes compreenderão a probabilidade de resultar em cara ou coroa. Isso poderá levá-los a refletir sobre os diferentes contextos nos quais situação similar pode acontecer. A estratégia pode ser finalizada apresentando aos estudantes o que é um evento, explicando, por meio das situações utilizadas, o que deve ser considerado evento e como se pode determinar a probabilidade em situações mais simples.

Estratégia 2

Quadro 6.16 – Ficha de identificação da estratégia 2 para o ensino de probabilidade e estatística

FICHA DE IDENTIFICAÇÃO DA ESTRATÉGIA		
Componente curricular: Matemática		
Unidades temáticas BNCC (X) Probabilidade e Estatística		
Deficiência ou diagnóstico: Altas habilidades ou superdotação	**Idade:** A partir dos 12 anos	**Materiais, recursos e adaptação:** • dado de seis faces; • folhas com as perguntas da atividade.
Objetivo da aula: estudar o conceito de probabilidade.		

Para o caso de alunos com altas habilidades e superdotação, consideramos que a estratégia anterior também pode ser realizada, mas com perguntas mais desafiadoras, que os levem a determinar padrões na situação apresentada. Nesse sentido, seria interessante abordar contextos nos quais a estatística tenha relevância para a sociedade. Por exemplo, desenvolver um levantamento sobre o consumo de certos alimentos entre os estudantes da própria turma e com a orientação do professor. Assim, os alunos podem:

- coletar dados;
- tratar os dados;
- analisar os dados;
- realizar gráficos em função dos dados;
- emitir algumas considerações finais sobre os resultados.

Quando os estudantes se encontram em uma situação como essa, eles são desafiados ao desenvolvimento de informações que podem ser relevantes para o contexto no qual eles se encontram. Isso também pode ocorrer com outros tipos de dados que podem ser solicitados previamente aos alunos.

Síntese

Neste capítulo, dedicamo-nos a apresentar um conjunto de estratégias que podem ser utilizadas para o ensino de diferentes conteúdos de Matemática. Para isso, como já afirmamos, devemos considerar, especialmente, a condição dos estudantes, sem desconhecer suas potencialidades e habilidades. As estratégias também foram pensadas conforme o tipo de conteúdo desenvolvido. Consideramos que, ao desenhar determinada estratégia, devemos levar em conta as diferentes variáveis que podem influenciar em sua estrutura e em seu desenvolvimento.

Por essa razão, o professor deve estar ciente das diferentes tendências que existem na educação matemática e utilizá-las a fim de facilitar o aprendizado dos estudantes com necessidades especiais, o que pode demandar criatividade para estruturar e desenvolver determinada estratégia.

Como você pôde perceber no decorrer do capítulo, algumas estratégias foram propostas por nós e outras foram retiradas de alguns professores que têm de dedicado a desenvolver estratégias para o ensino da Matemática voltadas a estudantes com determinadas condições. Com isso, queremos convidar você a elaborar suas próprias estratégias e a utilizar, com o devido reconhecimento, o que outros colegas estão desenvolvendo e que representam apoios importantes. Como professores, acreditamos que compartilhar nossas atividades, experiências e estratégias é importante para enriquecermos tanto nossos aspectos pessoais quanto os profissionais.

Indicações culturais

MORGADO, A. S. **Ensino da matemática**: práticas pedagógicas para a educação inclusiva. 123 f. Dissertação (Mestrado em Ensino de Matemática) – Pontifícia Universidade Católica de São Paulo, São Paulo, 2013. Disponível em: <https://tede2.pucsp.br/handle/handle/10962>. Acesso em: 16 jun. 2021.

> Nessa dissertação, a autora se dedicou a pesquisar práticas pedagógicas utilizadas no ensino da Matemática para estudantes com deficiência, especificamente nos anos iniciais da educação básica de escolas públicas de São Paulo.

PICHARILLO, A. D. M.; POSTALLI, L. Levantamento de estudos sobre estratégias de ensino de matemática com estudantes público-alvo da educação especial. In: CONGRESSO BRASILEIRO DE EDUCAÇÃO ESPECIAL, 8., 2018, São Carlos. **Anais...** 2018. Disponível em: <https://proceedings.science/cbee/cbee-2018/papers/levantamento-de-estudos-sobre-estrategias-de-ensino-de-matematica-com-estudantes-publico-alvo-da-educacao-especial>. Acesso em: 16 jun. 2021.

> Nesse artigo, o autor apresenta um levantamento de trabalhos realizados no Brasil entre 2007 e 2017, os quais contemplam métodos e estratégias sobre o ensino de Matemática para estudantes da educação especial.

Atividades de autoavaliação

1. O que devemos considerar para a elaboração de uma estratégia para o ensino de um conteúdo de Matemática?
    a) Basta selecionar o conteúdo.
    b) Basta considerar a condição do estudante.
    c) Basta escolher uma tendência.
    d) Todas as alternativas anteriores estão corretas.

2. No caso do estudante cego, o que a estratégia deve apresentar?
    a) Apenas som.
    b) Apenas material manipulável.
    c) Material manipulável e som.
    d) A condição do estudante é irrelevante.

3. Sobre as estratégias educativas, a alternativa correta:
   a) As estratégias para estudantes com necessidades espaciais são exclusivas para eles.
   b) Os estudantes do ensino comum podem fazer parte das estratégias utilizadas com estudantes com necessidades especiais.
   c) Um estudante com necessidades especiais não pode fazer parte do desenvolvimento de estratégias estruturadas para estudantes do ensino comum.
   d) Não é possível realizar estratégias com estudantes com necessidades especiais.

4. Os estudantes com altas habilidades/superdotação precisam de que tipo de estratégia?
   a) Estratégias simples.
   b) Eles não precisam de uma estratégia especial.
   c) Estratégias pouco complexas.
   d) Estratégias desafiadoras.

5. Ainda no que se refere às estratégias educativas, marque a alternativa correta:
   a) A estrutura da estratégia deve ser simples.
   b) Uma mesma estratégia pode ser utilizada com estudantes com diferentes condições.
   c) Uma estratégia deve ser desenhada para uma condição específica.
   d) No desenvolvimento da estratégia, o professor é desnecessário.

Atividades de aprendizagem

Questões para reflexão

1. Como você estruturaria uma estratégia para uma criança com deficiência visual?

2. Como você utilizaria alguma das estratégias apresentadas e o que mudaria nela?

Atividade aplicada: prática

1. No desenvolvimento deste capítulo, abordamos diferentes estratégias que podem ser utilizadas para o ensino de determinados conteúdos da Matemática. Diante disso, uma atividade que pode ser aplicada à prática é a utilização de recursos tecnológicos. A atividade chama-se *trigonometria no triângulo retângulo*, está disponível no *site* Geogebra (Cássio, 2021) e pode ser utilizada com estudantes com altas habilidades. Além disso, já vem composta por uma série de perguntas que podem ser respondidas depois de o estudante interagir com o recurso. Sugerimos, porém, a elaboração de um documento que oriente o estudante na exploração do recurso, para que o objetivo pedagógico seja atingido. Depois, o aluno vai sentir curiosidade e começará a interagir com o recurso conforme aprende como ele funciona.

    Uma das vantagens de utilizar esse recurso é que ele é elaborado com o *software* GeoGebra, que é gratuito, está em diversos idiomas e pode ser utilizado tanto *on-line* quanto *off-line*.

Figura 6.4 – Captura de um recurso digital para o estudo de trigonometria no triângulo retângulo

TRIGONOMETRIA NO TRIÂNGULO RETÂNGULO

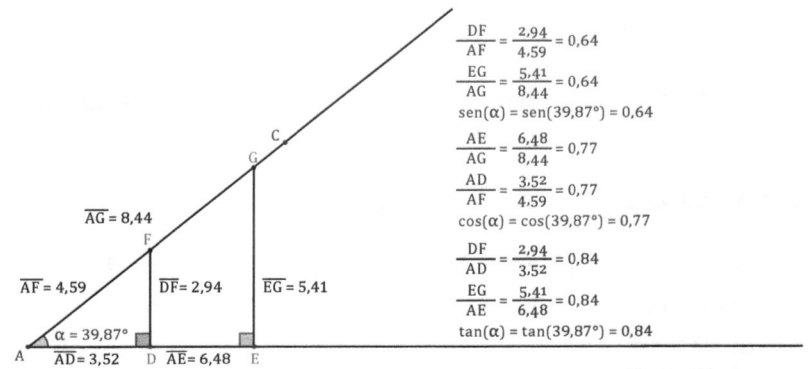

$$\frac{DF}{AF} = \frac{2,94}{4,59} = 0,64$$

$$\frac{EG}{AG} = \frac{5,41}{8,44} = 0,64$$

$$\text{sen}(\alpha) = \text{sen}(39,87°) = 0,64$$

$$\frac{AE}{AG} = \frac{6,48}{8,44} = 0,77$$

$$\frac{AD}{AF} = \frac{3,52}{4,59} = 0,77$$

$$\cos(\alpha) = \cos(39,87°) = 0,77$$

$$\frac{DF}{AD} = \frac{2,94}{3,52} = 0,84$$

$$\frac{EG}{AE} = \frac{5,41}{6,48} = 0,84$$

$$\tan(\alpha) = \tan(39,87°) = 0,84$$

$\overline{AG} = 8,44$
$\overline{AF} = 4,59$
$\overline{DF} = 2,94$
$\overline{EG} = 5,41$
$\alpha = 39,87°$
$\overline{AD} = 3,52$
$\overline{AE} = 6,48$

Fonte: Cássio, 2021.

Considerações finais

A temática deste livro suscita a necessidade constante de dialogarmos acerca da educação especial nos mais diferentes níveis, etapas e modalidades de ensino, tendo em vista sua configuração transversal.

Nesse sentido, esta obra foi um passo a mais no ensino da Matemática na educação especial. Com ela, buscamos trazer, conceituar e criticar diferentes aspectos do ensino da Matemática e como tal ensino foi promovido. Apresentamos, assim, contribuições e práticas de ensino pautadas nos aspectos culturais, psicológicos e sociais do ensino da Matemática na premissa inclusiva.

Procuramos situar você desde o início da matemática, passando por questões historiográficas e de legislação, até chegarmos ao ponto nevrálgico, que é a matemática inclusiva. Perpassamos todas as etapas da educação básica, começando na educação infantil e terminando no ensino médio, dialogando e atrelando fundamentações teóricas e práticas com recortes específicos nas unidades temáticas da Base Nacional Comum Curricular (BNCC).

Abordamos, ainda, diferentes situações e tarefas práticas que podem elucidar a prática do professor que ensina matemática na educação especial, haja vista ser necessário compreender que, quando falamos em *matemática inclusiva*, precisamos sempre correlacioná-la com uma matemática viva, pulsante e que busca estabelecer relações com o cotidiano e com a tomada de consciência dos estudantes.

Nesse viés, a matemática apresentada para a educação especial deve estar vinculada às ideias utilizadas para o ensino da matemática comum, pois acreditamos que os alunos com necessidades especiais devem ser incluídos nos contextos do ensino comum, promovendo o desenvolvimento social, a inclusão e a aceitação de cada indivíduo. Afinal, eles são parte desse contexto e merecem que o ensino ocorra com a mesma qualidade e determinação que no ensino comum.

Por essa razão, destacamos que, para o ensino da matemática para estudantes com necessidades especiais, é necessário considerar três elementos:

1. o conteúdo matemático, já que deve estar encaixado conforme as diretrizes curriculares;
2. a tendência da educação matemática, pois, dependendo do conteúdo, determinada tendência pode nos ajudar de forma diferenciada no ensino dos conteúdos;
3. as condições dos estudantes, uma vez que, a depender delas, os recursos e materiais utilizados deverão ter certas caraterísticas para que possam ser apoios significativos aos estudantes, e não obstáculos para sua aprendizagem.

Finalizamos este livro desejando que seja um material de apoio diferenciado para professores que procuram bases e ferramentas úteis em seu desenvolvimento em sala de aula para uma aprendizagem da matemática inclusiva.

Referências

AGRANIONIH, N. T.; SMANIOTTO, M. **Jogos e aprendizagem matemática**: uma interação possível. Erechim: EdiFapes, 2002.

ALENCAR, E. M. L. S. de. Indivíduos com altas habilidades/superdotação: clarificando conceitos, desfazendo ideias errôneas. In: FLEITH, D. de S. (Org.). **A construção de práticas educacionais para alunos com altas habilidades/superdotação**: orientação a professores. Brasília: Ministério da Educação/Secretaria de Educação Especial, 2007. v. 1. p. 13-26. Disponível em: <http://portal.mec.gov.br/seesp/arquivos/pdf/altashab2.pdf>. Acesso em: 14 jul. 2021.

ALMEIDA, M. F. A. de. et al. O ensino de matemática para alunos portadores de necessidades especiais: a inclusão a partir da ludicidade. In: SIMPÓSIO NACIONAL DE ENSINO DE CIÊNCIAS E TECNOLOGIA, 4., 2014, Ponta Grossa. **Anais...** p. 1-9.

AMAZON. **Jogo de dados em alto relevo Braille**. Disponível em: <https://www.amazon.com.br/Jogo-Dados-Alto-Relevo-Braille/dp/B000YL98Y4>. Acesso em: 8 jun. 2021.

ARAUJO, J. C. S. Disposição da aula: os sujeitos entre a *tecnia* e a *polis*. In: VEIGA, I. P. A. (Org.). **Aula**: gênese, dimensões, princípios e práticas. Campinas: Papirus, 2008. p. 45-72.

ARIÉS, P. **História social da criança e da família**. Tradução de Dora Flaksman. 2. ed. Rio de Janeiro: LTC, 1981.

BANDEIRA, D. **Materiais didáticos**. Curitiba: Iesde, 2009.

BARROS, C. E. de. **Noções de conservação, classificação e seriação em escolares com dislexia do desenvolvimento.** 137 f. Dissertação (Mestrado em Ciências Médicas – Ciências Biomédicas) – Universidade Estadual de Campinas, Campinas, 2006. Disponível em: <http://repositorio.unicamp.br/bitstream/REPOSIP/312224/1/Barros_CarlosEduardode_M.pdf>. Acesso em: 14 jul. 2021.

BERTI, N. M.; CARVALHO, M. A. B. Erro e estratégias do aluno na matemática: contribuições para o processo avaliativo. In: PARANÁ. Secretaria de Estado da Educação. Superintendência de Educação. **O professor PDE e os desafios da escola pública paranaense** – 2007. Curitiba: Seed/PR, 2007. (Cadernos PDE). p. 1-28.

BEYER, H. O. **O fazer psicopedagógico**: a abordagem de Reuven Feuerstein a partir de Piaget e Vygotsky. Porto Alegre: Mediação, 1996.

BIEMBENGUT, M. S.; HEIN, N. **Modelagem matemática no ensino.** 5. ed. São Paulo: Contexto, 2014.

BITTENCOURT, C. M. F. **Ensino de história**: fundamentos e métodos. São Paulo: Cortez, 2004.

BORBA, M. de C.; PENTEADO, M. G. **Informática e educação matemática.** 2. ed. Belo Horizonte: Autêntica, 2005.

BORBA, M. de C.; VILLARREAL, M. E. **Humans-with-Media and the Reorganization of Mathematical Thinking**: Information and Communication Technologies, Modeling, Experimentation and Visualization. New York: Springer, 2005.

BRASIL. Constituição (1988). **Diário Oficial da União**, Brasília, DF, 5 out. 1988. Disponível em: <http://www.planalto.gov.br/ccivil_03/constituicao/constituicao.htm>. Acesso em: 28 maio 2021.

BRASIL. Decreto n. 5.296, de 2 de dezembro de 2004. **Diário Oficial da União**, Poder Executivo, Brasília, 3 dez. 2004a. Disponível em: <http://www.planalto.gov.br/ccivil_03/_ato2004-2006/2004/decreto/d5296.htm>. Acesso em: 28 maio 2021.

BRASIL. Decreto n. 6.253, de 13 de novembro de 2007. **Diário Oficial da União**, Poder Executivo, Brasília, 14 nov. 2007. Disponível em: <http://www.planalto.gov.br/ccivil_03/_ato2007-2010/2007/decreto/d6253.htm>. Acesso em: 28 maio 2021.

BRASIL. Decreto n. 6.571, de 17 de setembro de 2008. **Diário Oficial da União**, Poder Executivo, Brasília, 18 set. 2008. Disponível em: <http://www.planalto.gov.br/ccivil_03/_ato2007-2010/2008/decreto/d6571.htm>. Acesso em: 28 maio 2021.

BRASIL. Lei n. 4.024, de 20 de dezembro de 1961. **Diário Oficial da União**, Poder Legislativo, Brasília, DF, 27 dez. 1961. Disponível em: <http://www.planalto.gov.br/ccivil_03/leis/l4024.htm>. Acesso em: 28 maio 2021.

BRASIL. Lei n. 5.692, de 11 de agosto de 1971. **Diário Oficial da União**, Poder Legislativo, Brasília, DF, 12 ago. 1971. Disponível em: <http://www.planalto.gov.br/ccivil_03/leis/l5692.htm>. Acesso em: 28 maio 2021.

BRASIL. Lei n. 8.069, de 13 de julho de 1990. **Diário Oficial da União**, Poder Legislativo, Brasília, DF, 16 jul. 1990. Disponível em: <http://www.planalto.gov.br/ccivil_03/leis/l8069.htm>. Acesso em: 28 maio 2021.

BRASIL. Lei n. 9.394, de 20 de dezembro de 1996. **Diário Oficial da União**, Poder Legislativo, Brasília, DF, 23 dez. 1996. Disponível em: <http://www.planalto.gov.br/ccivil_03/leis/l9394.htm>. Acesso em: 28 maio 2021.

BRASIL. Ministério da Educação e do Desporto. Secretaria de Educação Especial. **Diretrizes gerais para o atendimento educacional aos alunos portadores de altas habilidades/superdotação e talentos**. Brasília, 1995. (Série Diretrizes, v. 10). Disponível em: <http://www.dominiopublico.gov.br/pesquisa/DetalheObraForm.do?select_action=&co_obra=27407>. Acesso em: 28 maio 2021.

BRASIL. Ministério da Educação e do Desporto. Secretaria de Educação Fundamental. **Referencial curricular nacional para a educação infantil**: introdução. Brasília, 1998a. 1998b. v. 1. Disponível em: <http://portal.mec.gov.br/seb/arquivos/pdf/rcnei_vol1.pdf>. Acesso em: 28 maio 2021.

BRASIL. Ministério da Educação. **Base Nacional Comum Curricular**. 2018. Disponível em: <http://basenacionalcomum.mec.gov.br/images/BNCC_EI_EF_110518_versaofinal_site.pdf>. Acesso em: 28 maio 2021.

BRASIL. Ministério da Educação. **Plano Nacional de Educação**: Lei n. 13.005/2014. Disponível em: <http://pne.mec.gov.br/18-planos-subnacionais-de-educacao/543-plano-nacional-de-educacao-lei-n-13-005-2014>. Acesso em: 28 maio 2021.

BRASIL. Ministério da Educação. Secretaria de Educação Básica. Secretaria de Educação Continuada, Alfabetização, Diversidade e Inclusão. Secretaria de Educação Profissional e Tecnológica. Conselho Nacional da Educação. Câmara Nacional de Educação Básica. **Diretrizes Curriculares Nacionais Gerais da Educação Básica**. Brasília, 2013. Disponível em: <http://portal.mec.gov.br/index.php?option=com_docman&view=download&alias=13448-diretrizes-curiculares-nacionais-2013-pdf&Itemid=30192>. Acesso em: 28 maio 2021.

BRASIL. Ministério da Educação. Secretaria de Educação Especial. **Direito à educação**: subsídios para a gestão dos sistemas educacionais: orientações gerais e marcos legais. Brasília, 2004b.

BRASIL. Ministério da Educação. Secretaria de Educação Especial. **Educação infantil**: saberes e práticas da inclusão – altas habilidades/superdotação. Brasília, 2006a. Disponível em: <http://portal.mec.gov.br/seesp/arquivos/pdf/superdotacao.pdf>. Acesso em: 18 jul. 2021.

BRASIL. Ministério da Educação. Secretaria de Educação Especial. **Educação infantil**: saberes e práticas da inclusão – dificuldades acentuadas de aprendizagem ou limitações no processo de desenvolvimento. Brasília, 2004c.

BRASIL. Ministério da Educação. Secretaria da Educação Especial. **Educação infantil**: saberes e práticas da inclusão – dificuldades de comunicação sinalização: deficiência visual. 4. ed. Brasília, 2006b. 2006a. 2006. Disponível em: <http://portal.mec.gov.br/seesp/arquivos/pdf/deficienciavisual.pdf>. Acesso em: 14 jul. 2021.

BRASIL. Ministério da Educação. Secretaria da Educação Especial. **Educação infantil**: saberes e práticas da inclusão – introdução. 4. ed. Brasília, 2006c. 2006b. Disponível em: <http://portal.mec.gov.br/seesp/arquivos/pdf/introducao.pdf>. Acesso em: 14 jul. 2021.

BRASIL. Ministério da Educação. Secretaria de Educação Fundamental. **Parâmetros curriculares nacionais**: matemática. Brasília, 1997. Disponível em: <http://portal.mec.gov.br/seb/arquivos/pdf/livro03.pdf>. Acesso em: 31 maio 2021.

BRASIL. Ministério da Educação. Secretaria de Educação Fundamental. **Parâmetros curriculares nacionais**: matemática. Brasília, 1998c. 1998a. Disponível em: <https://www.novaconcursos.com.br/blog/pdf/parametros-curriculares-nacionais-matematica-pref-piracicaba.pdf>. Acesso em: 10 jun. 2021.

BRASILIA. Secretaria de Estado de Educação do Distrito Federal. **Currículo em movimento da educação básica**: educação especial. Disponível em: <http://www.deg.unb.br/images/Diretorias/DAPLI/cil/legislacoes_cil/Curr%C3%ADculo_em_Movimento-_DF_Educa%C3%A7%C3%A3o_Especial.pdf>. Acesso em: 21 jun. 2021.

CALDEIRA, A. M. S. Avaliação e processo de ensino-aprendizagem. **Presença Pedagógica**, Belo Horizonte, v. 3, p. 53-61, set./out. 2000.

CARVALHO, E. N. S. de; MACIEL, D. M. M. de A. Nova concepção de deficiência mental segundo a American Association on Mental Retardation – AAMR: sistema 2002. **Temas em Psicologia da SBP**, Ribeirão Preto, v. 11, n. 2, p. 147-156, dez. 2003. Disponível em <http://pepsic.bvsalud.org/pdf/tp/v11n2/v11n2a08.pdf>. Acesso em: 19 jun. 2021.

CARVALHO, R. E. **A nova LDB e a educação especial**. 4. ed. Rio de Janeiro: WVA, 2007.

CARVALHO, R. E. **Educação inclusiva**: com os pingos nos "is". 11. ed. Porto Alegre: Mediação, 2016.

CÁSSIO, J. Trigonometria no triângulo retângulo. **GeoGebra**. Disponível em: <https://www.geogebra.org/m/GPnb5U5Z>. Acesso em: 28 maio 2021.

CAVALCANTI, M. Fala, Mestre! Inclusão é o privilégio de conviver com as diferenças. **Núcleo Criduchat**. Entrevista. Disponível em: <https://www.portalcriduchat.com.br/novo/index.php/artigos/107-fala-mestre-inclusao-e-o-privilegio-de-conviver-com-as-diferencas#:~:text=%C3%89%20a%20nossa%20capacidade%20de,todas%20as%20pessoas%2C%20sem%20exce%C3%A7%C3%A3o.>. Acesso em: 28 maio 2021.

CERQUEIRA, J. B.; FERREIRA, E. de M. B. **Recursos didáticos na educação especial**. Disponível em: <ibc.gov.br/images/conteudo/revistas/benjamin_constant/2000/edicao-15-abril/Nossos_Meios_RBC_RevAbr2000_ARTIGO3.pdf>. Acesso em: 28 maio 2021.

CORAZZA, S. M. **Infância & educação**: era uma vez... quer que conte outra vez? Petrópolis: Vozes, 2002.

D'AMBROSIO, U. A história da matemática: questões historiográficas e políticas e reflexos na educação matemática. In: BICUDO, M. A. V. (Org.). **Pesquisa em educação matemática**: concepções e perspectivas. São Paulo: Ed. da Unesp, 1999. p. 97-115. Disponível em: <https://drive.google.com/file/d/0B4JIJny_-_7pdXFaSW91M2dNTVU/view?resourcekey=0-HaIRfb3sKcPqtCtHoNyPIg>. Acesso em: 21 jun. 2021.

D'AMBROSIO, U. **Educação matemática**: da teoria à prática. Campinas: Papirus, 1996.

DIAS, C. E. **Matemática para cegos**: uma possibilidade no ensino de polinômios. 111 f. Trabalho de Conclusão de Curso (Licenciatura em Matemática) – Universidade Tecnológica Federal do Paraná, Curitiba, 2017. Disponível em: <http://repositorio.roca.utfpr.edu.br/jspui/bitstream/1/9589/1/CT_COMAT_2017_1_02.pdf>. Acesso em: 28 maio 2021.

DIAS, C. E.; PANOSSIAN, M. L. O ensino de polinômios usando material acessível para alunos cegos: potencialidades e limitações. **Revista de Educação Matemática**, v. 15, n. 20, p. 409-431, set./dez. 2018. Disponível em: <https://www.revistasbemsp.com.br/index.php/REMat-SP/article/view/171/pdf>. Acesso em: 25 fev. 2021.

DÍAZ-URDANETA, S. **Compreensões sobre os objetos de aprendizagem elaborados com a GeoGebra a partir de um mapeamento crítico em algumas fontes de pesquisa latino-americanas**. 169 f. Dissertação (Mestrado em Educação em Ciências e em

Matemática) – Universidade Federal do Paraná, Curitiba, 2020. Disponível em: <https://www.acervodigital.ufpr.br/handle/1884/67661>. Acesso em: 28 maio 2021.

FUNDAÇÃO DORINA NOWILL PARA CEGOS. **O que é deficiência?** Disponível em: <https://fundacaodorina.org.br/a-fundacao/pessoas-cegas-e-com-baixa-visao/o-que-e-deficiencia/>. Acesso em: 28 maio 2021.

GAMEZ, L. **Psicologia da educação**. Rio de Janeiro: LTC, 2013.

GASPAR, J. **Matemática no Antigo Egito**. Disponível em: <http://www.mat.uc.pt/~mat0703/PEZ/antigoegito2%20.htm>. Acesso em: 31 maio 2021.

GATTI, B. A. Análise das políticas públicas para formação continuada no Brasil, na última década. **Revista Brasileira de Educação**, Rio de Janeiro, v. 13, n. 37, jan./abr. 2008. Disponível em: <https://www.scielo.br/pdf/rbedu/v13n37/06.pdf>. Acesso em: 28 maio 2021.

GATTI, B. A. Formação de professores: condições e problemas atuais. **RIPF – Revista Internacional de Formação de Professores**, v. 1, n. 1, p. 90-102, 2009.

GATTI, B. A. Formação de professores: condições e problemas atuais. **RIPF – Revista Internacional de Formação de Professores**, Itapetininga, v. 1, n. 2, p. 161-171, 2016. Disponível em: <https://periodicos.itp.ifsp.edu.br/index.php/RIFP/article/view/347/360>. Acesso em: 21 jun. 2021.

GATTI, B. A. O professor e a avaliação em sala de aula. **Estudos em Avaliação Educacional**, n. 27, p. 97-114, jan./jun. 2003. Disponível em: <https://www.fcc.org.br/pesquisa/publicacoes/eae/arquivos/1150/1150.pdf>. Acesso em: 14 jul. 2021.

GEOGEBRA. **Materiais didáticos**. Disponível em: <https://www.geogebra.org/materials>. Acesso em: 28 maio 2021.

GONÇALVES, A. **Aplicação da balança de pratos no estudo de equações**. Disponível em: <https://educador.brasilescola.uol.com.br/estrategias-ensino/aplicacao-balanca-pratos-no-estudo-equacoes.htm>. Acesso em: 21 jun. 2021.

HONORA, M.; FRIZANCO, M. L. **Esclarecendo as deficiências**: aspectos teóricos e práticos para contribuir para uma sociedade inclusiva. Jandira: Ciranda Cultural, 2008.

IEJU-SA. Espaço cultural. **Ciência e tecnologia**. Disponível em: <http://www.iejusa.com.br/cienciaetecnologia/imagens/mat15.jpg>. Acesso em: 28 maio 2021.

INHELDER, B. **Le diagnostic du raisonnement chez les débiles mentaux**. 2. ed. Neuchâtel: Delachaux & Niestlé, 1963.

INHELDER, B.; BOVET, M.; SINCLAIR, H. **Aprendizagem e estruturas do conhecimento**. Tradução de Maria Aparecida Rodrigues Cintra e Maria Yolanda Rodrigues. São Paulo: Saraiva, 1977.

INHELDER, B.; CELLÉRIER, G. **Le Cheminement des découvertes de l'enfant**: recherche sur les microgenèses cognitives. Paris: Delachaux et Niestlé, 1992.

ITS BRASIL (Org.). **Tecnologia assistiva nas escolas**: recursos básicos de acessibilidade sociodigital para pessoas com deficiência. São Paulo: Microsoft Educação; ITS Brasil, 2008. Disponível em: <http://www.galvaofilho.net/livro_TA_ESCOLA.pdf>. Acesso em: 21 jun. 2021.

JONES, J. P.; TILLER, M. Using Concrete Manipulatives in Mathematical Instruction. **Dimensions of Early Childhood**, v. 45, n. 1, p. 18-23, 2017. Disponível em: <https://files.eric.ed.gov/fulltext/EJ1150546.pdf>. Acesso em: 21 jun. 2021.

KALEFF, A. M. M. R.; ROSA, F. M. C. da; OLIVEIRA, M. F. de. Um catálogo de materiais didáticos concretos e virtuais para um laboratório de ensino de matemática inclusiva. In: ENCONTRO NACIONAL

DE EDUCAÇÃO MATEMÁTICA, 9., 2016, São Paulo. **Anais...** São Paulo: SBEM, 2016. Disponível em: <http://www.sbembrasil.org.br/enem2016/anais/pdf/5005_2699_ID.pdf>. Acesso em: 21 jun. 2021.

KENSKI, V. M. Aprendizagem mediada pela tecnologia. **Revista Diálogo Educacional**, Curitiba, v. 4, n. 10, p. 47-56, set./dez. 2003. Disponível em: <https://periodicos.pucpr.br/index.php/dialogoeducacional/article/view/6419/6323>. Acesso em: 14 jul. 2021.

LÉVY, P. **As tecnologias da inteligência**: o futuro do pensamento na era da informática. Tradução de Carlos Irineu da Costa. 2. ed. São Paulo. Editora 34, 2016.

LINS, R. C. Matemática, monstros, significados e Educação Matemática. In: BICUDO, M. A. V.; BORBA, M. de C. (Org.). **Educação matemática**: pesquisa em movimento. 2. ed. São Paulo: Cortez, 2005. p. 92-120.

LOPES, S. R.; VIANA, R. L.; LOPES, S. V. de A. **A construção de conceitos matemáticos e a prática docente**. Curitiba: InterSaberes, 2012.

LORENZATO, S. **Educação infantil e percepção matemática**. Campinas: Autores Associados, 2006. (Coleção Formação de Professores).

MACHADO, A. P. **Do significado da escrita da Matemática na prática de ensinar e no processo de aprendizagem a partir do discurso de professores**. 291 f. Tese (Doutorado em Educação Matemática) – Universidade Estadual Paulista, Rio Claro, 2003. Disponível em: <https://repositorio.unesp.br/bitstream/handle/11449/102169/machado_ap_dr_rcla.pdf?sequence=1&isAllowed=y>. Acesso em: 28 jul. 2021.

MAMCASZ-VIGINHESKI, L. V. et al. Formação de conceitos em geometria e álgebra por estudante com deficiência visual. **Ciência & Educação**, Bauru, v. 23, n. 4, p. 867-879, 2017.

Disponível em: <https://www.scielo.br/scielo.php?pid=S1516-73132017000400867&script=sci_arttext>. Acesso em: 28 maio 2021.

MANTOAN, M. T. **Inclusão é o privilégio de conviver com as diferenças**. 22 abr. 2008. Disponível em: <https://www.inclusive.org.br/arquivos/50>. Acesso em: 21 jun. 2021.

MANTOAN, M. T. E. **Inclusão escolar**: O que é? Por quê? Como fazer? 2. ed. São Paulo: Moderna, 2006.

MEREDYK, F. **A formação de professores de matemática no contexto das tecnologias digitais**: desenvolvendo aplicativos educacionais móveis utilizando o software de programação app inventor 2. 146 f. Dissertação (Mestrado em Educação em Ciências e Matemática) – Universidade Federal do Paraná, Curitiba, 2019. Disponível em: <https://www.acervodigital.ufpr.br/bitstream/handle/1884/65803/R%20-%20D%20-%20FERNANDA%20MEREDYK.pdf?sequence=1&isAllowed=y>. Acesso em: 28 maio 2021.

MICHAELIS – Dicionário Brasileiro da Língua Brasileira. **Erro**. Disponível em: <https://michaelis.uol.com.br/moderno-portugues/busca/portugues-brasileiro/erro/>. Acesso em: 28 maio 2021.

MIRANDA, D. de. **Sistema de numeração babilônico**. Disponível em: <https://mundoeducacao.uol.com.br/matematica/sistema-numeracao-babilonico.htm>. Acesso em: 21 jun. 2021.

MONTEIRO, M. **Alunos matematicamente habilidosos**: uma proposta de atividade para a sala de recursos multifuncional para altas habilidades/superdotação. Guarapuava: Ed. da Unoeste, 2016.

MOREIRA, G. E. Tendências em educação matemática com enfoque na atualidade. In: NEVES, R. da S. P.; DÖRR, R. C. (Org.). **Formação de professores de matemática**: desafios e perspectivas. Curitiba: Appris, 2019. p. 45-64.

MORELLATO, C. et al. Softwares educacionais e a educação especial: refletindo sobre aspectos pedagógicos. **RENOTE – Revista Novas Tecnologias na Educação**, v. 4, n. 1, p. 1-10, jul. 2006. Disponível em: <https://seer.ufrgs.br/renote/article/view/13887/7803>. Acesso em: 28 maio 2021.

MOURA, M. O. de. Educar con las matemáticas: saber específico y saber pedagógico. **Revista Educación y Pedagogía**, v. 23, n. 59, p. 47-57, enero-abril 2011. Disponível em: <https://dialnet.unirioja.es/descarga/articulo/4156437.pdf>. Acesso em: 28 maio 2021.

MOURA, M. O. et al. Atividade orientadora de ensino: unidade entre ensino e aprendizagem. **Revista Diálogo Educacional**, Curitiba, v. 10, n. 29, p. 205-229, jan./abr. 2010. Disponível em: <https://periodicos.pucpr.br/index.php/dialogoeducacional/article/view/3094>. Acesso em: 14 jul. 2021.

MOURA, M. O. de; SFORNI, M. S. de F.; LOPES, A. R. L. V. A objetivação do ensino e o desenvolvimento do modo geral de aprendizagem da atividade pedagógica. In: MOURA, M. O. de (Org.). **Educação escolar e pesquisa na teoria histórico-cultural**. São Paulo: Loyola, 2017. p. 71-100.

NACARATO, A. M.; MENGALI, B. L. da S.; PASSOS, C. L. B. **A matemática nos anos iniciais do ensino fundamental**: tecendo fios do ensinar e do aprender. Belo Horizonte: Autêntica, 2011.

NISHIHARA, A. Jogos na educação matemática: um olhar das pesquisas acadêmicas brasileiras para o ensino médio. In: ENCONTRO NACIONAL DE EDUCAÇÃO MATEMÁTICA, 8., 2016, São Paulo. **Anais...** p. 1-9. Disponível em: <http://www.sbembrasil.org.br/enem2016/anais/pdf/5741_3942_ID.pdf>. Acesso em: 28 maio 2021.

NOGARO, A.; GRANELLA, E. O erro no processo de ensino e aprendizagem. **Revista de Ciências Humanas**, Erechim, v. 5, n. 5, p. 31-56, 2004. Disponível em: <http://www.revistas.fw.uri.br/index.php/revistadech/article/view/244/445>. Acesso em: 28 maio 2021.

OLIVEIRA, M. C. P. de; PLETSCH, M. D.; OLIVEIRA, A. A. S. de. Contribuições da avaliação mediada para a escolarização de alunos com deficiência intelectual. **Revista Teias**, v. 17, n. 46, p. 72-89, jul./set. 2016. Disponível em: <http://r1.ufrrj.br/im/oeeies/wp-content/uploads/2016/10/OLIVEIRA-PLETSCH-E-SAMPAIO-artigo-Teias-2016.pdf>. Acesso em: 21 jun. 2021.

ONUCHIC, L. de la R. Ensino-aprendizagem de matemática através da resolução de problemas. In: BICUDO, M. A. V. (Org.). **Pesquisa em educação matemática**: concepções e perspectivas. São Paulo: Unesp, 1999. p. 199-218.

ONUCHIC, L. de la R.; ALLEVATO, N. S. G. Novas reflexões sobre o ensino-aprendizagem de matemática através da resolução de problemas. In: BICUDO, M. A. V.; BORBA, M. C. (Org.). **Educação matemática**: pesquisa em movimento. São Paulo: Cortez, 2004. p. 232-252.

PAVANELLO, R. M.; NOGUEIRA, C. M. I. Avaliação em matemática: algumas considerações. **Estudos em Avaliação Educacional**, v. 17, n. 33, p. 29-42, jan./abr. 2006. Disponível em: <fcc.org.br/pesquisa/publicacoes/eae/arquivos/1275/1275.pdf>. Acesso em: 21 jun. 2021.

PEDROSO, H. A. **História da matemática**. São Paulo: Atlas, 2009.

PEREIRA, T. M. (Org.). **Matemática nas séries iniciais**. 2. ed. Ijuí: Ed. da Unijuí, 1989.

POLYA, G. **A arte de resolver problemas**. Tradução de Heitor Lisboa de Araújo. Rio de Janeiro: Interciência, 1978.

RICHIT, A.; ALBERTI, L. A. Tendências no ensino da matemática nos anos finais do ensino fundamental: abordagens evidenciadas em livros didáticos. **Revista Eletrônica de Educação Matemática**, Florianópolis, v. 12, n. 1, p. 145-172, 2017. Disponível em: <https://periodicos.ufsc.br/index.php/revemat/article/view/1981-1322.2017v12n1p145>. Acesso em: 28 maio 2021.

RICO, L. Errores en el aprendizaje de las matemáticas. In: KILPATRICK, J.; GÓMEZ, P.; RICO, L. (Ed.). **Educación matemática**. Bogotá, Colombia, 1998. p. 69-108. Disponível em: <http://funes.uniandes.edu.co/679>. Acesso em: 21 jun. 2021.

ROCHA, F. S. M. da. **Análise de projetos do Scratch desenvolvidos em um curso de formação de professores**. 135 f. Dissertação (Mestrado em Educação em Ciências e em Matemática) – Universidade Federal do Paraná, Curitiba, 2018. Disponível em: <https://acervodigital.ufpr.br/bitstream/handle/1884/59437/R%20-%20D%20-%20FLAVIA%20SUCHECK%20MATEUS%20DA%20ROCHA.pdf?sequence=1&isAllowed=y>. Acesso em: 28 maio 2021.

ROCHA, J. M. C. da; NASCIMENTO, K. A. F. do. **Desenvolvimento do pensamento lógico-matemático e as contribuições dos jogos para o trabalho do psicopedagogo**. Disponível em: <https://fapb.edu.br/wp-content/uploads/sites/13/2018/02/ed4/5.pdf>. Acesso em: 28 maio 2021.

ROCHA, L. de M.; MOREIRA, L. M. de A. Diagnóstico laboratorial do albinismo oculocutâneo. **Jornal Brasileiro de Patologia e Medicina Laboratorial**, v. 43, n. 1, p. 25-30, fev. 2007. Disponível em: <https://www.scielo.br/j/jbpml/a/KmSWk6MzkQFHQxBrzvhhFxq/?lang=pt>. Acesso em: 21 jun. 2021.

ROMA, A. de C. Breve histórico do processo cultural e educativo dos deficientes visuais no Brasil. **Revista Ciência Contemporânea**, v. 4, n. 1, p. 1-15, jun./dez. 2018. Disponível em: <https://uniesp.edu.

br/sites/_biblioteca/revistas/20190426090505.pdf>. Acesso em: 28 maio 2021.

ROMANATTO, M. C. Resolução de problemas nas aulas de Matemática. **Reveduc – Revista Eletrônica de Educação**, v. 6, n. 1, p. 299-311, maio 2012. Disponível em: <http://www.reveduc.ufscar.br/index.php/reveduc/article/view/413>. Acesso em: 28 maio 2021.

ROSA, F. M. C. da; BARALDI, I. M. (Org.). **Educação matemática inclusiva**: estudos e percepções. Campinas: Mercado de Letras, 2018.

SÁ, E. D. de; CAMPOS, I. M. de; SILVA, M. B. C. **Atendimento educacional especializado**: deficiência visual. Brasília: Seesp/Seed/MEC, 2007. Disponível em: <http://portal.mec.gov.br/seesp/arquivos/pdf/aee_dv.pdf>. Acesso em: 28 maio 2021.

SAKAGUTI, P. M. Y.; BOLSANELLO, M. A. O papel do professor na aprendizagem do superdotado: relato de experiência. In: CONGRESSO BRASILEIRO MULTIDISCIPLINAR DE EDUCAÇÃO ESPECIAL, 5., 2009, Londrina. **Anais...** p. 2124-2131.

SANTOS, C. dos; SANTOS, D. P. dos; LIMA, M. A. de. A importância da atividade lúdica na educação matemática. **Revista Psicologia & Saberes**, v. 9, n. 14, p. 79-87, 2020. Disponível em: <https://revistas.cesmac.edu.br/index.php/psicologia/article/view/1152>. Acesso em: 28 maio 2021.

SANTOS, N. Quadriláteros. **GeoGebra**. Disponível em: <https://www.geogebra.org/m/f7EYRDQq>. Acesso em: 28 maio 2021.

SÃO PAULO (Estado). Secretaria da Educação. Núcleo de Apoio Pedagógico Especializado. **Deficiência intelectual**: realidade e ação. São Paulo, 2012. Disponível em: <http://cape.edunet.sp.gov.br/cape_arquivos/Publicacoes_Cape/P_4_Deficiencia_Intelectual.pdf>. Acesso em: 14 jul. 2021.

SARMENTO, A. K. C. A utilização dos materiais manipulativos nas aulas de matemática. In: ENCONTRO DE PESQUISA EM EDUCAÇÃO, 6., 2010, Teresina. **Anais...** Teresina: UFPI, 2010. p. 1-12. Disponível em: <http://leg.ufpi.br/subsiteFiles/ppged/arquivos/files/VI.encontro.2010/GT_02_18_2010.pdf>. Acesso em: 14 jul. 2021.

SAVIANI, D. **Educação**: do senso comum à consciência filosófica. 13. ed. São Paulo: Cortez; Campinas: Autores Associados, 2000.

SCHIPPER, C. M. de; VESTENA, C. L. B. Características do raciocínio do aluno deficiente intelectual à luz da epistemologia genética. **Psicologia Escolar e Educacional**, v. 20, n. 1, p. 79-88, jan./abr. 2016. Disponível em: <https://doi.org/10.1590/2175-353920150201931>. Acesso em: 21 jun. 2021.

SCHLÜNZEN JUNIOR, K.; LANUTI, J. E. de O. E. Contribuições da tematização da prática para o ensino de matemática na perspectiva da inclusão. In: ENCONTRO NACIONAL DE EDUCAÇÃO MATEMÁTICA, 12., 2016, São Paulo. **Anais...** São Paulo: SBEM, 2016. p. 1-10. Disponível em: <http://www.sbembrasil.org.br/enem2016/anais/pdf/4982_2314_ID.pdf>. Acesso em: 28 maio 2021.

SCHULTHAIS, A. M. R.; PEREIRA, R. dos S. G. Resolução de problemas e os materiais manipulativos no processo de ensino-aprendizagem dos números inteiros. In: PARANÁ. Governo do Estado. **Os desafios da escola pública paranaense na perspectiva do professor PDE**: artigos. Curitiba: Secretaria de Educação, 2014. v. 1. Disponível em: <http://www.diaadiaeducacao.pr.gov.br/portals/cadernospde/pdebusca/producoes_pde/2014/2014_uenp_mat_artigo_andreia_maria_ruy_schulthais.pdf>. Acesso em: 28 maio 2021.

SILVA, G. T. F.; SAKAGUTI, P. Y. Professor da educação especial inclusiva: refletindo o itinerário de sua formação. In: MACHADO, D. P. et al. (Org.). **Formação de professores em diferentes cenários**:

vozes da pedagogia. Curitiba: Dialética e Realidade, 2020. v. 3. p. 136-154.

SILVA, M. F. da. **A importância da matemática no ensino fundamental**. Disponível em: <https://revista.faculdadeeficaz.edu.br/artigos/SILVA_Michele%20Fl_22-07-2015.pdf>. Acesso em: 28 maio 2021.

SILVA, M. P. da. **Adaptações curriculares**: uma necessidade na escola inclusiva. 35 f. Monografia (Especialização em Coordenação Pedagógica) – Universidade de Brasília, Brasília, 2013. Disponível em: <https://bdm.unb.br/bitstream/10483/8855/1/2013_MarcoPauloDaSilva.pdf>. Acesso em: 21 jun. 2021.

SKOVSMOSE, O. Cenários para investigação. **Bolema**, Rio Claro, v. 13, n. 14, p. 66-91, 2000. Tradução de Jonei Cerqueira Barbosa. Disponível em: <https://edisciplinas.usp.br/pluginfile.php/4251842/mod_resource/content/2/texto%20cenarios%20investigacao.pdf>. Acesso em: 21 jun. 2021.

SMOLE, K. C. S. **A matemática na educação infantil**: a teoria das inteligências múltiplas na prática escolar. Porto Alegre: Artmed, 1996.

SMOLE, K. S.; DINIZ, M. I. (Org.). **Ler, escrever e resolver problemas**: habilidades básicas para aprender matemática. Porto Alegre: Artmed, 2001.

SMOLE, K. S.; DINIZ, M. I. (Org.). **Materiais manipulativos para o ensino das quatro operações básicas**. Porto Alegre: Penso, 2016.

SOUZA, A. M. de. As tecnologias da informação e da comunicação (TIC) na educação para todos. **Educação em Foco**, Juiz de Fora, p. 349-366, fev. 2015. Disponível em: <https://periodicos.ufjf.br/index.php/edufoco/article/view/19688>. Acesso em: 28 maio 2021.

SPOLIDORIO, J. **Ensinando números para alunos com dificuldades**. 2017. Disponível em: <https://www.youtube.com/watch?v=LlziRTB9Zcw>. Acesso em: 28 maio 2021.

TÉDDE, S. **Crianças com deficiência intelectual**: a aprendizagem e a inclusão. Americana: Centro Universitário Salesiano de São Paulo, 2012.

TERNOWSKI, E.; FILLOS, L. M. Educação matemática e inclusão: construindo estratégias para superação de dificuldades de aprendizagem de conceitos matemáticos básicos. In: PARANÁ. Governo do Estado. Secretaria de Educação. **Os desafios da escola pública paranaense na perspectiva do professor PDF**: artigos. 2013. v. 1. Disponível em: <http://www.diaadiaeducacao.pr.gov.br/portals/cadernospde/pdebusca/producoes_pde/2013/2013_unicentro_mat_artigo_eliasa_ternowski.pdf>. Acesso em: 21 jun. 2021.

THOMPSON, A. G. Learning to Teach Mathematical Problem Solving: Changes in Teachers' Conceptions and Beliefs. In: CHARLES, R. I.; SILVER, E. A. (Ed.). **The Teaching and Assessing of Mathematical Problem Solving**. Virginia: Laurence Erlbaum Associates, 1989. p. 232-243.

TIKHOMIROV, O. K. The Psychological Consequences of Computarization. In: WERTSCH, J. V. (Ed.). **The Concept of Activity in Soviet Psychology**. New York: M. E. Sharpe Inc., 1981. p. 256-278.

VEIGA, I. P. A. et al. **Escola**: espaço do projeto político-pedagógico. 4. ed. Campinas: Papirus, 1998.

VIRGOLIM, A. M. R. **Altas habilidades/superdotação**: encorajando potenciais. Brasília: MEC/Seesp, 2007.

VYGOTSKY, L. S. **Obras escogidas**: V – Fundamentos da defectología. Madrid: Visor, 1997.

ZABALA, A. **A prática educativa**: como ensinar. Tradução de Ernani F. da F. Rosa. Porto Alegre: Artmed, 1998.

Bibliografia comentada

ALVES, F. J. da C.; PEREIRA, C. C. M. (Org.). **Objetos de aprendizagem no GeoGebra**. Curitiba: CRV, 2016.

Os autores organizaram um conjunto de recursos digitais que foram elaborados com o *software* GeoGebra, nos quais apresentam tais elaborações e indicam uma forma de como esses recursos podem ser utilizados em sala de aula. Trata-se de um bom guia para quem deseja aprender a utilizar esse *software* no ensino da Matemática.

BRANDT, C. F.; MORETTI, M. T. (Org.). **Ensinar e aprender matemática**: possibilidades para a prática educativa. Ponta Grossa: Ed. da UEPG, 2016.

Nesse livro, os autores apontam diferentes experiências referentes à formação de professores em educação matemática, destacando as diferentes tendências que podem ser utilizadas para o ensino dessa disciplina e apresentando alternativas que podem ser utilizadas pelos professores.

CARVALHO, D. L. de. **Metodologia do ensino da matemática**. 2. ed. São Paulo: Cortez, 1994.

Neste livro, Carvalho faz recortes específicos acerca do ensino da Matemática, como os problemas envolvidos no ensino da disciplina, além dos conteúdos a serem desenvolvidos no percurso da educação básica.

NUNES, L. R. de O. de P.; SCHIRMER, C. R. (Org.). **Salas abertas**: formação de professores e práticas pedagógicas em comunicação alternativa e ampliada nas salas de recursos multifuncionais. Rio de Janeiro: Eduerj, 2017.

Nesse livro, as autoras oferecem aportes no que se refere à educação especial, como formação de professores, tecnologia assistiva, entre outros vieses vinculados a essa área da educação. É um livro que representa uma alternativa para quem deseja trabalhar com essa esfera educacional.

PEREIRA, T. M. (Org.). **Matemática nas séries iniciais**. 2. ed. Ijuí: Ed. da Unijuí, 1989.

Os autores dos capítulos desta obra, organizada por Tânia Michel Pereira, apresentam aspectos relacionados ao ensino da Matemática nas séries iniciais, bem como a aquisição do conhecimento lógico-matemático pelas crianças e seus conceitos imbricados.

SMOLE, K. S.; DINIZ, M. I. (Org.). **Materiais manipulativos para o ensino das quatro operações básicas**. Porto Alegre: Penso, 2016.

Nesse livro, as autoras trazem aspectos relativos ao ensino da Matemática com base em materiais manipulativos, com exemplos e práticas que os professores podem adaptar para a educação especial.

Respostas

Capítulo 1

Atividades de autoavaliação
1. d
2. c
3. b
4. d
5. d

Capítulo 2

Atividades de autoavaliação
1. a
2. a
3. a
4. c
5. a

Capítulo 3

Atividades de autoavaliação
1. a
2. a
3. a
4. a
5. a

Capítulo 4

Atividades de autoavaliação
1. a
2. a
3. a
4. a
5. a

Capítulo 5

Atividades de autoavaliação
1. d
2. c
3. b
4. c
5. d

Capítulo 6

Atividades de autoavaliação
1. d
2. c
3. b
4. d
5. b

Sobre os autores

Gustavo Thayllon França Silva é mestre em Educação e Novas Tecnologias pelo Centro Universitário Internacional Uninter, bacharel em Psicopedagogia e licenciado em Pedagogia pela mesma instituição; pós-graduado em Psicopedagogia Clínica, Institucional, Empresarial e Hospitalar pelo Rhema Educação; pós-graduado em Educação Especial e Inclusiva e Atendimento Educacional Especializado pela Faculdade de Educação São Luís; e pós-graduado em Esportes e Atividades Físicas e Inclusivas para Pessoas com Deficiência pela Universidade Federal de Juiz de Fora (UFJF). Atua como professor de ensino superior na área de educação do Centro Universitário Internacional Uninter, com experiência em psicopedagogia, educação especial, psicologia do desenvolvimento humano e psicanálise.

Stephanie Díaz-Urdaneta é licenciada em Educação, menção Matemática e Física, pela Universidad del Zulia (Maracaibo, Venezuela) e mestre em Educação – Ciência e Matemática pela Universidade Federal do Paraná (UFPR). Foi professora de Matemática e Física no Ministério de Educação da Venezuela e de Matemática e Desenho Técnico no colégio particular Batalla de Araure, também na Venezuela. Possui experiência no desenvolvimento de materiais educativos e artigos científicos e na participação em eventos regionais, nacionais e internacionais. Atualmente, faz parte do Grupo de Pesquisa sobre Tecnologias na Educação Matemática (GPTEM) e é secretária da associação civil Aprender en Red.

Impressão:
Agosto/2021